U0283348

面向"十二五"高职高专精品规划教材·土建系列

建筑工程 CAD

姚 远 孟 莉 孙 茜 主 编

刘智绪 副主编

韩 丽 参 编

清华大学出版社

北 京

内 容 简 介

本书结合真实的工程图纸全面介绍了 AutoCAD 2012 绘图软件中各类工具的使用，主要内容包括绘制建筑图的基本知识、绘制建筑总平面图、绘制建筑平面图、绘制建筑立面图、绘制建筑剖面图、绘制建筑详图、绘制施工图总说明、建筑施工图的打印与输出及建筑信息模型的介绍等。

本书既可作为高职高专建筑工程技术、建筑工程造价、建筑工程管理、房地产类等专业教学用书，也可以作为同等学力建筑工程相关专业培训教材。

本书封面贴有清华大学出版社防伪标签，无标签者不得销售。

版权所有，侵权必究。举报：010-62782989，beiqinquan@tup.tsinghua.edu.cn。

图书在版编目(CIP)数据

建筑工程 CAD/姚远，孟莉，孙茜主编. —北京：清华大学出版社，2014(2022.3 重印)
(面向"十二五"高职高专精品规划教材·土建系列)
ISBN 978-7-302-38018-4

Ⅰ. ①建… Ⅱ. ①姚… ②孟… ③孙… Ⅲ. ①建筑制图—计算机辅助设计—AutoCAD 软件—高等职业教育—教材 Ⅳ. ①TU204

中国版本图书馆 CIP 数据核字(2014)第 219850 号

责任编辑：李玉萍
封面设计：刘孝琼
责任校对：周剑云
责任印制：曹婉颖

出版发行：清华大学出版社
    网   址：http://www.tup.com.cn, http://www.wqbook.com
    地   址：北京清华大学学研大厦 A 座   邮   编：100084
    社 总 机：010-83470000   邮   购：010-62786544
    投稿与读者服务：010-62776969, c-service@tup.tsinghua.edu.cn
    质量反馈：010-62772015, zhiliang@tup.tsinghua.edu.cn
    课件下载：http://www.tup.com.cn, 010-62791865
印 装 者：三河市龙大印装有限公司
经 销：全国新华书店
开 本：185mm×260mm   印 张：18   字 数：433 千字
版 次：2014 年 10 月第 1 版   印 次：2022 年 3 月第 7 次印刷
定 价：48.00 元

产品编号：057584-02

前　言

本书作为高职高专院校建筑 CAD 课程教材，本着"学以致用"的原则，着重培养学生的实际操作能力；结合建筑工程制图课程教学体系，按本门课程的教学内容和顺序重新编排，并遵循由浅入深的原则，根据内容的变化而调用相关操作命令。命令分散于各教学阶段，便于学生快速、准确地掌握和应用 CAD 技术。在本书编写过程中，严格贯彻执行国家标准的有关规定，力求全书内容既满足教学规律要求，又符合工程实际应用要求。

本书打破了传统的学科体系，以绘制建筑施工图为编写主线，以 AutoCAD 2012 作为绘图工具，介绍有关计算机绘图的相关知识；同时以工程图的绘制过程为导向，在每个项目中设置不同的任务单元，使学生具备运用 AutoCAD 软件绘制符合国家标准的工程图样的重要技能。

全书由天津国土资源和房屋职业学院姚远、孟莉、孙茜主编，参加编写的还有天津国土资源和房屋职业学院的刘智绪、韩丽，具体的编写分工为：姚远负责编写绪论、项目一、项目七、项目八、项目九，并对全书进行统稿；孟莉负责编写项目三、项目五；孙茜负责编写项目四；刘智绪负责编写项目二；韩丽负责编写项目六。在此对在本书编写过程中的全体合作者和参与者表示衷心的感谢！

由于编者的业务水平有限，编写过程中难免有疏漏和不足之处，敬请专家、同行和广大读者批评指正。

编　者

前　言

目　　录

绪　　论

计算机辅助设计(Computer Aided Design，CAD)，它是以人为主体、以计算机为辅助工具的一种设计技术。这种计算机辅助设计系统的出现及发展，使设计人员和绘图人员逐渐结束了丁字尺和绘图板的工作时代。如今，CAD 已经发展成为一种功能强大的设计和绘图软件。

AutoCAD 是由美国 Autodesk 公司研制开发的计算机辅助设计软件，其强大的功能和简洁易学的界面受到广大工程技术人员的欢迎。目前，AutoCAD 已广泛应用于机械、电子、建筑、服装及船舶等工程设计领域，极大地提高了设计人员的工作效率。AutoCAD 2012 继承了 Autodesk 公司一贯为广大用户考虑的方便性和高效率，为多用户合作提供了便捷的工具与规范的标准，以及方便的管理功能，用户可以与设计组密切而高效地共享信息。与以前版本相比，AutoCAD 2012 中文版在性能和功能两方面都有较大的增强和改善。

一、AutoCAD 的发展历史

CAD 软件自 1982 年问世以来，经过 30 多年的发展，已经出现了多种版本。AutoCAD 早期版本都是以版本的升级顺序进行命名的，如第一个版本为"AutoCAD R1.0"、第二个版本为"AutoCAD R2.0"等。此软件发展到 2000 年以后，则变为以年代作为软件的版本名，如 AutoCAD 2000、AutoCAD 2002、AutoCAD 2004、AutoCAD 2008 等。为了更好地缩短设计周期、提高设计质量并且降低设计成本，2012 年发布的 AutoCAD 2012 版本，已经进行了近 20 次的不断更新和升级，集二维绘图、三维建模、数据管理及数据共享等诸多功能于一体，功能日趋完善，将 AutoCAD 软件的应用推向了高潮。AutoCAD 具有完善的图形绘制功能、强大的编辑功能和三维造型功能、被广泛用于机械、建筑、化工、电子、航空航天、广告、汽车、服饰等各个行业的设计领域。

二、AutoCAD 的基本功能

AutoCAD 自 1982 年问世以来，其每一次升级在功能上都得到了增强，且日趋完善。目前，它已成为工程设计领域中应用最为广泛的计算机辅助绘图与设计软件之一。

1．绘制与编辑图形

AutoCAD 的"绘图"菜单中包含有丰富的绘图命令，使用它们可以绘制直线、构造线、多段线、圆、矩形、多边形、椭圆等基本图形，也可以将绘制的图形转换为面域，对其进行填充。如果再借助"修改"菜单中的各种命令，便可以绘制出各种各样的二维图形。

2．标注图形尺寸

标注尺寸是向图形中添加测量注释的过程，是整个绘图过程中不可或缺的一步。AutoCAD 的"标注"菜单中包含了一套完整的尺寸标注和编辑命令，使用它们可以在图形的各个方向上创建各种类型的标注，也可以方便、快速地以一定格式创建符合行业或项目标准的标注。

3．渲染三维图形

在 AutoCAD 中，可以运用几何图形、光源和材质，将模型渲染为具有真实感的图像。如果是为了演示，可以全部渲染对象；如果时间有限，或显示设备和图形设备不能提供足够的灰度等级和颜色，就不必精细渲染；如果只需快速查看设计的整体效果，则可以简单消隐或着色图像。

4．控制图形显示

在 AutoCAD 中，可以方便地以多种方式放大或缩小所绘图形。对于三维图形，可以改变观察视点，从不同观看方向显示图形，也可以将绘图窗口分成多个视口，从而能够在各个视口中以不同方位显示同一图形。此外，AutoCAD 还提供三维动态观察器，利用它可以动态地观察三维图形。

5．绘图实用工具

在 AutoCAD 中，可以方便地设置图形元素的图层、线型、线宽、颜色，以及尺寸标注样式、文字标注样式，也可以对所标注的文字进行拼写检查。通过各种形式的绘图辅助工具设置绘图方式，提高绘图效率与准确性。使用特性窗口可以方便地编辑所选择对象的特性；使用标准文件功能，可以对诸如图层、文字样式、线型这样的命名对象定义标准的设置；以保证同一单位、部门、行业以及合作伙伴间在所绘图形中对这些命名对象设置的一致性；使用图层转换器可以将当前图形图层的名称和特性转换成已有图形或标准文件对图层的设置，即将不符合本部门图层设置要求的图形进行快速转换。

6．数据库管理功能

在 AutoCAD 中，可以将图形对象与外部数据库中的数据进行关联，而这些数据库是由独立于 AutoCAD 的其他数据库管理系统(如 Access、Oracle、FoxPro 等)建立的。

7．Internet 功能

AutoCAD 提供了极为强大的 Internet 工具，使设计者之间能够共享资源和信息，同步进行设计、讨论、演示、发布消息，即时获得业界新闻，得到有关帮助。

8．输出与打印图形

AutoCAD 不仅允许将所绘图形以不同样式通过绘图仪或打印机输出，还能够将不同格式的图形导入 AutoCAD 或将 AutoCAD 图形以其他格式输出，增强了灵活性。因此，当图形绘制完成之后可以使用多种方法将其输出。例如，可以将图形打印在图纸上，或创建成文件以供其他应用程序使用。

三、AutoCAD 2012 的安装方法

使用 AutoCAD 2012 的前提条件是正确安装 AutoCAD 2012。安装之前，用户应先了解系统要求，以便合理配置计算机。用户的计算机满足配置要求后，应该按步骤进行安装。使用 AutoCAD 2012 绘图过程中，软件如果受到破坏，可以进行修复或重装。

1．系统要求

为了保证 AutoCAD 2012 顺利运行，建筑图能够以较好的方式流畅地展现出来，计算机应该满足以下配置。

(1) 操作系统：Windows XP Professional，Windows Vista，IE 6.0 SP1 以上。

安装 AutoCAD 时，会自动检测 Windows 操作系统是 32 位版本还是 64 位版本，然后安装适当的 AutoCAD 版本。不能在 64 位版本的 Windows 上安装 32 位版本的 AutoCAD。

(2) 浏览器：Microsoft Internet Explorer 6.0 Service Pack 1(或更高版本)。

(3) 处理器：Pentium Ⅲ或 Pentium 4(建议使用 Pentium 4)800 MHz。

(4) 内存：512 MB(建议)。

(5) 图形卡：1024×768 VGA 真彩色(最低要求)，Open GL®兼容三维视频卡(可选)，需要支持 Windows 的显示适配器。必须安装支持硬件加速的 DirectX 9.0c 或更高版本的图形卡。

2．安装过程

(1) 安装 AutoCAD 2012 主文件，解压下载好的 AutoCAD 2012 程序包，并打开 AutoCAD 2012 主安装程序(见图 0-1)。

(2) 单击安装程序 Setup.exe，按照安装向导配置安装设置(见图 0-2)。

(3) 开始安装 AutoCAD 2012(见图 0-3)。

(4) 激活 AutoCAD 2012，输入序列号，使用注册机来生成激活码，将生成的"激活码"输入到激活对话框中。

(5) 激活成功，进入软件，AutoCAD 2012 即成功运行。

图 0-1　单击安装程序

图 0-2　AutoCAD 2012 安装界面

图 0-3　"安装进行中"界面

四、AutoCAD 2012 的学习方法

制图在建筑领域的地位毋庸赘述，而 CAD 软件的重要性不言而喻，它可以帮助设计人员把图纸画得规范、精致，提高绘图效率的同时也便于今后的修改及管理，利用 CAD 软件绘画，要做到以下四点。

1．掌握基本的操作方法

首先要熟悉软件的操作界面，如菜单、工具栏、状态栏、绘图区等。熟悉界面后，了解各种设置也是必需的，如字形、线型、图层、标注形式、标准工具栏等。学习这些基本操作可能会有些难度，但只要多做一些简单的练习，循序渐进，便会收到事半功倍的效果。

2．熟记常用的命令

键盘与鼠标操作结合使用，既能熟悉操作方法，提高操作速度，又能方便、快捷地掌握 AutoCAD 的基础与应用。

3．灵活运用功能键

除了输入命令、调用工具栏和菜单来完成某些命令外，软件上还有一些功能键可供使用，如 F1 键(调用 AutoCAD 帮助对话框)、F2 键(显示或隐藏 AutoCAD 文本窗口)、F3 键(调用对象捕捉设置对话框)、F4 键(标准数字化仪开关)、F5 键(不同向的轴侧图之间的转换开关)、F6 键(坐标显示模式转换开关)、F7 键(栅格模式转换开关)、F8 键(正交模式转换开关)、F9 键(间隔捕捉模式转换开关)等。使用这些功能键可快速实现功能转换。

4．使用"帮助"F1 键

知识是无止境的，一个人不可能没有困难，有困难的时候要学会用"帮助"，因为"帮助"就像是一位专家，一些问题可以通过专家来回答、释疑，从而全面地掌握软件的使用。

项目一　绘制建筑图的基本知识

初识建筑图时我们由最简单的房屋图形开始，本项目从最基础的知识点出发，介绍一个简易房屋的绘制过程，为后续建筑施工图的绘制打下基础，如图 1-1 所示。

图 1-1　简易房屋图

简易房屋的绘制过程如下所述。

1．环境设置

环境设置包括"图形界限"、"单位"、"捕捉间隔"、"对象捕捉"方式、"尺寸样式"、"文字样式"和"图层"等的设定。对于单张图纸，其中文字和尺寸样式的设定也可以在使用时随时设定；对于整套图纸，应当全部设定完后保存成模板，以后绘制新图时套用该模板。

2．绘制图形

一般先绘制辅助线(单独放在一层)，用来确定尺寸基准的位置；选择好图层后，绘制该层的线条；充分发挥编辑命令和辅助绘图命令的优势，对同样的操作尽可能一次完成。采用必要的"对象捕捉"、"对象追踪"等功能进行精确绘图。

3．绘制填充图案

绘制填充图案时，为方便边界的确定，尽量选择封闭图形。

4．标注尺寸

标注图样中必要的尺寸，具体应根据图形的种类和要求来标注。

5. 保存图形、输出图形

将图形保存起来备用，需要时在布局窗口中设置好后打印输出。

项目要点

通过简易房屋的绘制，逐步熟悉 AutoCAD 2012 的基本功能、系统参数的设置、常用命令"直线"、"删除"的使用方法、图形的初步编辑、命令的书写方式、坐标系和绘图的精度控制等知识，掌握绘制基本图形的方法及工作流程，了解图形显示和辅助绘图工具的使用等。

任务一　配置绘图环境

一、AutoCAD 2012 的启动

(1) 双击桌面上的 AutoCAD 2012 快捷图标。

(2) "开始"→"所有程序→AutoCAD→AutoCAD 2012-Simplified Chinese→AutoCAD 2012。

二、AutoCAD 2012 的用户界面

启动 AutoCAD 2012 之后，计算机将显示其应用程序窗口，此版本提供了四种工作空间模式，图 1-2 所示为"二维草图与注释"工作空间界面；图 1-3 所示为"三维建模"工作空间界面；图 1-4 所示为"三维基础"工作空间界面；图 1-5 所示为"AutoCAD 经典"工作空间界面。本部分内容以"AutoCAD 经典"工作空间为例，介绍 AutoCAD 2012 的用户界面。

图 1-2　二维草图与注释

图 1-3 三维建模

图 1-4 三维基础

图 1-5 AutoCAD 经典

1. AutoCAD 2012 经典用户界面

打开 AutoCAD 2012，各种工作界面都显示在窗口中，其位置和名称如图 1-6 所示。

图 1-6　AutoCAD 2012 经典操作界面

1) 标题栏

标题栏最左边有一个图标，双击图标退出程序，单击图标出现下拉菜单，用于完成最小化、最大化和关闭等操作。程序图标的右侧有 AutoCAD 的版本号和当前图形文档的名称。

2) 菜单栏

菜单栏中间的选项即为 AutoCAD 的 12 种工作主菜单，把光标移动至某一按钮上即可看到凸起状态，单击即可展开主菜单，把光标放置在带有小黑三角符号的菜单上即可展开此菜单的下一级菜单；把光标放置在带有 "…" 的菜单命令上单击左键即可打开相应的对话框，表示此命令是以对话框的形式和用户交流。当激活某一主菜单之后以灰色显示的命令表示当前无效命令，黑色则表示当前有效命令。命令后面带有组合功能键的表示用户通过按下键盘的相应组合键和选择此菜单的命令是等效的。

3) 工具栏

工具栏位于菜单栏的下部和工作界面的两侧，把光标放置在某一工作按钮上使其呈凸起状态，同时在按钮的下部显示此按钮的命令。默认状态下即显示默认工具栏、图层工具栏、对象特性工具栏、样式工具栏、修改工具栏和绘图工具栏，在任意工具栏上右击即可打开工具栏菜单，在此工具栏菜单内前面带有 "√" 号的代表已打开的工具栏。如果想打开哪个工具栏就在哪个工具栏上单击左键即可打开该工具栏。工具栏的位置可以分为两种，第一种以悬浮的形式嵌在绘图窗口内，称为 "悬浮工具栏"；第二种以固定的形式排列在 AutoCAD 的固定工具栏，称为 "固定工具栏"。例如，缩放工具，将光标放在悬浮工具栏的灰色位置上左键按住拖到绘图区的一侧即可将悬浮工具栏转化成固定工具栏，反之则将固定转变为悬浮，如图 1-7 所示。在工具栏上右击，在弹出的快捷菜单中选择 "自定义" 命令，或单击工具栏当中的自定义即可打开自定义工具栏对话框，在此对话框内可以自定义新的工具栏，也可为现有的工具栏增加工具按钮图标。

图 1-7　两种工具栏

4) 绘图窗口

绘图区是位于工具栏和命令行之间的区域。绘图区下部有模型标签和布局标签，也代表两种空间，即模型空间和布局空间。系统默认的操作空间为模型空间，是用于绘图的空间；布局空间主要用于打印输出。在绘图区内以"十字光标"出现的符号即为光标符号，在没有任何命令执行的情况下，光标符号显示带有方框的十字符号。当激活了某一个绘图命令之后，光标变为十字光标；当激活了某一个修改命令之后，光标变为点光标。为了制图方便随时可以设置点光标的尺寸，单击工具菜单中的"选项"命令或使用快捷键然后按Enter 键，打开"选项"对话框并单击"显示"标签，切换到"显示"选项卡，在拾取框内左右移动即可设置点光标的大小，"显示"选项卡里有颜色的设置。

5) 命令窗口

命令行位于绘图窗口的下部，它是用户和 AutoCAD 进行交互操作交流的主要通道。命令行由命令历史窗口和命令登录窗口组成，也可将命令窗口按住拖至绘图区内。把光标放在命令行和绘图区的交界处，向上拖延光标即可增加命令历史窗口，观察更多的历史信息，但这样就减小了绘图区域，如果用户既想观察更多的历史信息又不想缩小绘图窗口的操作区域，可以借助 F2 功能键，打开文本窗口帮助用户查找更多的历史信息，再次按下 F2 键即可关闭文本窗口。

6) 状态栏

状态栏位于 AutoCAD 操作界面的底部，它由坐标读数器、绘图辅助功能区、"状态栏"按钮三部分组成。在此区域单击左键即可关闭该显示功能，再次单击左键即可打开。

(1) 坐标读数器：状态栏左端为坐标读数器，用于显示十字光标所处位置的坐标值。

(2) 绘图辅助功能区：该区中提供一些重要的绘图辅助功能按钮，这些功能按钮主要用于控制图形点的精确定位。

(3) "状态栏"按钮：在状态栏的右部分布了一些常用的功能按钮，主要用于查看图形、布局以及对工作空间、窗口等进行切换。

7) 坐标系图标

绘图区左下角显示的图标即为当前世界坐标系的图标，选择"视图"→"显示"→"UCS

图标"→"开"命令即可关闭图标显示。

8) 十字光标

十字光标绘图区中的活动光标，相当于鼠标指针，是用于选择图形的主要工具。

9) 工具选项板

工具选项板命令用于资源的组织、资源的共享、工具的自定义等操作，以更方便用户的绘图。

2. AutoCAD 2012 用户界面的介绍

由于 AutoCAD 默认的绘图区域背景颜色为黑色，并且线段和面域显示的精度不高，所以用户可根据自己的习惯，更改绘图区的背景颜色，提高线段或面域的显示精度。

选择"工具"→"选项"命令，调出"选项"对话框，该对话框主要用于系统参数的设置。在"选项"对话框中单击"显示"标签，切换到"显示"选项卡。在该选项卡中可对"窗口元素"、"布局元素"、"显示精度"和"十字光标大小"等选项区域进行设置，如图 1-8 所示。

图 1-8   "选项"对话框中的"显示"选项卡

1) 图形窗口中十字光标大小和显示精度的设置

在"选项"对话框的"显示"选项卡中，设置"十字光标大小"为 5；在"显示精度"选项组中设置"圆弧和圆的平滑度"为 1000，"每条多段线曲线的线段数"为 8，"渲染对象的平滑度"为 0.5，"每个曲面的轮廓素线"为 4。单击"应用"按钮，完成"十字光标大小"和"显示精度"的设置。

2) 图形窗口中背景颜色的修改

单击"窗口元素"选项组中的"颜色"按钮，调出"图形窗口颜色"对话框。在该对话框的"上下文"列表框中选择"二维模型空间"选项，在"界面元素"列表框中选中"统一背景"选项，在"颜色"下拉列表框中选择"白"选项，如图 1-9 所示。单击"应用并关闭"按钮，关闭该对话框并返回"选项"对话框的"显示"选项卡，单击"应用"按钮，将图形窗口颜色设置为白色。

图 1-9　"图形窗口颜色"对话框

三、AutoCAD 2012 的基本操作

1．鼠标操作

1）单击左键

将鼠标指针定位到要选择的对象上，然后单击一下鼠标的左键，如果对象是图标或窗口，它就会被突出显示。

2）右击

将鼠标指针定位到某一位置时，右击，可以弹出一个快捷菜单。

3）双击

将鼠标指针定位到要选择的对象上，然后快速连续单击两次鼠标的左键，可以用来启动一个应用程序，或者打开一个窗口。

4）拖动

可以使用鼠标拖动一个对象(通常是图标、窗口和对话框)到一个新的位置，即将鼠标指针移到该对象上，按住鼠标左键不放并拖到一个新位置，然后松开鼠标左键。

5）转动滚动轮

在 AutoCAD 中，转动滚动轮不像在其他工作界面上显示的功能那样使文档上下滑动，而是用于放大或缩小界面。向上滑动滚轮，实现"放大"功能；向下滑动滚轮，实现"缩小"功能。

2．键盘操作

1）组合键

常用键盘输入命令，如表 1-1 所示。

表 1-1　常用的组合键

组合键	功　能	组合键	功　能
Ctrl+Esc	打开"开始"菜单	Alt+F4	关闭当前窗口
Enter	确认	Tab	切换到对话框的下一栏
Esc	取消	Shift+Tab	切换到对话框的上一栏
Ctrl+空格	启动或关闭输入法	Shift+空格	半角/全角状态的切换
Ctrl+Shift	中文输入法的切换	Ctrl+小数点	中/英文标点符号的切换
PrintScreen	复制整个屏幕内容到剪贴板	Alt+PrintScreen	将当前活动窗口内容复制到剪贴板
Ctrl+Alt+Delete	打开"任务管理器"，进行任务管理。例如，可强制结束某个应用程序的运行。连续两次按此组合键，将重新启动系统		

2）快捷键

在 AutoCAD 中，基本上每个绘图和修改工具都有自己的快捷键，它是最快捷、最简便的执行命令方法，需要熟练记忆每个命令的快捷方式，如"直线"工具，它的键盘命令操作是 LINE，快捷键操作是 L。

3．菜单操作

1）激活菜单

鼠标单击菜单栏上任意一个菜单即可激活菜单。

2）选择菜单命令

菜单操作是执行工具命令的方法之一，如"直线"工具，具体操作是：选择"绘图"→"直线"命令。

4．工具栏操作

1）打开或关闭工具栏

在任意工具栏上右击即可打开工具栏菜单，在此工具栏菜单内前面带有"√"号的代表已打开的工具栏。如果想打开某个工具栏，在该工具栏上单击左键即可打开，关闭则取消"√"号即可。

2）激活工具栏显示工具

还是以直线为例，在绘图工具栏单击 图标，即可激活直线工具。

5．对话框操作

1）典型对话框的组成

对话框是一种次要窗口，包含按钮和各种选项，通过它们可以完成特定的命令和任务。对话框与窗口有所区别，没有最大化、最小化按钮，不能改变形状和大小。

2) 对话框的操作

不是每个工具激活后都能直接进入到工具使用阶段，有些复杂的工具命令激活后会出现对话框操作。例如，块定义操作，单击即出现"块定义"对话框，如图1-10所示。

图1-10 "块定义"对话框

任务二 绘制图形

一、绘图辅助知识

1. 坐标知识

1) 坐标系

AutoCAD 2012 采用了多种坐标系以便绘图，如笛卡儿坐标系(CCS)、世界坐标系(WCS)和用户坐标系(UCS)。

(1) 笛卡儿坐标系(CCS)。

AutoCAD 采用三维笛卡儿坐标系(CCS)来确定点的位置。在屏幕底部状态栏上所显示的三维坐标值，就是笛卡儿坐标系中的数值，它能准确无误地反映当前十字光标所处的位置。

(2) 世界坐标系(WCS)。

世界坐标系(WCS)是 AutoCAD 2012 的基本坐标系，它由三个相互垂直并相交的 x、y、z 轴组成；在绘制和编辑图形的过程当中，世界坐标系(WCS)是默认的坐标系。

(3) 用户坐标系(UCS)。

AutoCAD 提供了可变的用户坐标系(UCS)以方便绘制图形。

在默认情况下，用户坐标系和世界坐标系重合，用户可以在绘图过程中根据具体需要来定义用户坐标系。

2) 坐标输入方法

绘制图形时，如何精确地输入点的坐标是绘图的关键，经常采用的精确定位坐标点的方法有四种，即绝对坐标定位、相对坐标定位、绝对极坐标定位和相对极坐标定位。

(1) 绝对坐标。绝对坐标是以当前坐标系原点为输入坐标值的基准点，输入的点坐标值都是相对于坐标系原点(0，0，0)的位置而确定的，用户可以用(x，y，z)的方式输入绝对坐标。

(2) 相对坐标。相对坐标是以前一个输入点为输入坐标值的参考点，输入点的坐标值是以前一点为基准而确定的，用户可以用(@x，y，z)的方式输入相对坐标。其中，@表示相对。

(3) 绝对极坐标。绝对极坐标是以原点为极点。用户可以输入一个长度数值，后跟一个"<"符号，再加一个角度值，即可指明绝对极坐标。例如，可输入(b<a)，b 表示极长，a 表示角度。

(4) 相对极坐标。相对极坐标通过相对于某一点的极长距离和偏移角来表示。用户可用(@b<a)的方式输入相对极坐标(见表 1-2)。其中@表示相对，b 表示极长，a 表示角度。

表 1-2 坐标系中绝对坐标和相对坐标的表达示例及释义

分　类		表达示例	释　义
直角坐标系 (x，y)	绝对坐标	10，7	x 轴方向距离坐标原点在正方向上 10 个单位，y 轴方向距离坐标原点在正方向 7 个单位，坐标原点为(0，0)
	相对坐标	@7，-10	x 坐标上距离上一点在正方向上 7 个单位，y 坐标上距离上一点在负方向上 10 个单位
极坐标系 (ρ<θ)	绝对坐标	10<45	距离原点长度为 10 个单位，并且与 x 轴成 45° 角
	相对坐标	@10<45	距离上一指定点长度为 10 个单位，并且与 x 轴成 45° 角

2. 设置绘图界限

1) 绘图界限的设置

绘制一条长为 1000mm 的直线，发现用滑轮缩小到最小也不能在屏幕上看到全图，这时解决的方法有两种：一种是输入命令"re"然后按 Enter 键，重复几次，就可以看见全图；另一种设置绘图的有效区域，即图形界限。

图形界限实际就是作图的范围。在平时的绘图过程中，往往要绘制各种尺寸范围的图形，所以在绘图之前一般需要根据图形总体尺寸来设置图形的作图区域，使绘制的图形完全处于绘制的作图区域内，便于视窗的调整和用户的观察编辑。

"图形界限"调用方式：

①	菜单栏	"格式"→"图形界限"
②	命令行	Limits

2) 具体操作

下面就以设置 A2 图纸(594mm×420mm)的作图区域为例来说明图形界限的具体使用过程：

(1) 新建一个文档，打开图形界限工具，在命令行指定左下角点的提示下直接按 Enter

键，以默认的原点作为图形界限左下角点。

(2) 在指定右上角点的提示下输入"594、420"后按 Enter 键。

(3) 选择"视图"→"缩放"→"全部"命令，让所设置的图形界限全部显示在当前的绘图区内。

3．状态栏辅助工具

在实际绘图中，用鼠标定位虽然方便快捷，但精度不高，绘制的图形极不精确，远远不能满足工程制图的要求。AutoCAD 2012 提供了一些绘图辅助工具，包括正交模式、捕捉、栅格显示、极轴追踪、对象捕捉、对象捕捉追踪、动态输入、显示隐藏线宽等。利用这些绘图辅助工具，用户可以极大地提高绘图的精度和效率。

1) 正交模式

用鼠标来画水平和垂直线时，光凭肉眼去观察和掌握容易出现偏差。为解决这个问题，AutoCAD 2012 提供了一个正交(Ortho)功能，当正交模式打开时，AutoCAD 2012 只允许绘制水平线或垂直线，用户可以既方便又精确地绘制水平线和垂直线。用鼠标选择状态栏上"正交(Ortho)"按钮或用 F8 键可以完成正交功能打开与关闭之间的切换。

2) 捕捉与栅格

捕捉用于开启间隔捕捉功能。如果捕捉功能打开，光标将锁定在不可见的捕捉网格点上，只能在网格点之间做步进式跳动。捕捉间距在 x、y 方向可以相同，也可以不同。

栅格是可以显示在屏幕上的可见参照网格点，栅格既不是图形的一部分，也不会输出，它类似于方格纸，有助于定位。栅格点的间距值可以和捕捉间距相同，也可以不同。当栅格和捕捉配合使用时，对于提高绘图精确度有重要作用。

用户可在"草图设置"对话框的"捕捉间距"、"栅格间距"选项组中设置 x、y 方向捕捉间距及格网点的间距，可分别通过"启用捕捉"、"启用栅格"复选框开启或关闭捕捉功能、栅格功能，如图 1-11 所示。

图 1-11　"草图设置"对话框

3) 对象捕捉

AutoCAD 2012 所提供的对象捕捉功能均是针对绘图中控制点的捕捉而言的。其作用是在绘图对点定位时，十字光标可以被强制性地准确定位在已存在实体特定点或特定位置上(如直线的中点)，保证绘图的精确度。

打开"草图设置"对话框并切换到"对象捕捉"选项卡，如图 1-12 所示。在"对象捕捉模式"选项组中 AutoCAD 2012 提供了 13 种对象捕捉方式可供用户选择，各方式具体介绍如下。

图 1-12   "对象捕捉"对话框

(1) 端点(E)捕捉：用来捕捉实体的端点，该实体可以是一段直线，也可以是一段圆弧。

(2) 中点(M)捕捉：用来捕捉一条直线或圆弧的中点。捕捉时只需将靶区放在直线或圆弧中点附近即可，而不一定放在中部。

(3) 圆心(C)捕捉：该方式可以捕捉一个圆、圆弧或圆环的圆心。

(4) 节点(D)捕捉：用来捕捉点实体或节点。

(5) 象限点(Q)捕捉：即捕捉圆、圆环或圆弧在整个圆周上的四分点。一个圆四等分后，每一部分称为一个象限，象限在圆的连接部位即是象限点。靶区总是捕捉离它最近的那个象限点。

(6) 交点(I)捕捉：用来捕捉实体的交点，这种方式要求实体在空间内必须有一个真实的交点，无论交点目前是否存在，只要延长之后相交于一点即可。

(7) 延长线(X)捕捉：用来捕捉一条已知直线延长线上的点，即在该延长线上选择出合适的点。

(8) 插入点(S)捕捉：用来捕捉一个文本或图块的插入点，对于文本来说即是其定位点。

(9) 垂足(P)捕捉：在一条直线、圆弧或圆上捕捉一个点，从当前已选定的点到该捕捉点的连线与所选择的实体(如直线)或实体的切线(如圆弧或圆的切线)垂直。

(10) 切点(N)捕捉：在圆或圆弧上捕捉一点，使这一点和已确定的另外一点连线与实体相切。

(11) 最近点(R)捕捉：用来捕捉直线、圆弧或其他实体上离靶区中心最近的点。

(12) 外观交点(A)捕捉：用来捕捉两个实体的延伸交点。该交点在图上并不存在，而仅仅是同方向上延伸后得到的交点。

(13) 平行线(L)捕捉：捕捉一点，使已知点与该点的连线和一条已知直线平行。

> 说明：开启、关闭捕捉、栅格、正交、极轴、对象捕捉和对象追踪可直接用鼠标左键单击状态栏中的相应按钮，或直接依次按下 F9 键、F7 键、F8 键、F10 键、F3 键、F11 键。

此外，AutoCAD 2012 还提供了单点优先的对象捕捉操作方式，即在命令要求输入点时，同时按下 Shift 键和鼠标右键，在屏幕上当前光标处将出现对象捕捉的快捷菜单，如图 1-13 所示，选择所需对象捕捉方式，即可临时调用该方式的对象捕捉功能，此时它覆盖"对象捕捉"选项卡的设置。此方法只对当前点有效，对下一个点无效。

4) 极轴追踪与对象捕捉追踪

极轴追踪与对象捕捉追踪是 AutoCAD 2012 提供的两种自动追踪功能，打开该功能，执行命令时，屏幕上会显示临时辅助线，帮助用户在指定的角度和位置上精确绘制图形。

(1) 极轴追踪：在绘图过程中，当 AutoCAD 2012 要求用户给出定点时，打开该功能可使在给定的极角方向上出现临时辅助线。极轴追踪的有关设置可在"草图设置"对话框的"极轴追踪"选项卡中完成。

(2) 对象捕捉追踪：该功能与对象捕捉功能有关，启用该功能之前必须先启用对象捕捉功能。利用该功能可产生基于对象捕捉点的辅助线。

5) 动态输入

图 1-13　对象捕捉的快捷菜单

动态输入功能可使用户直接在鼠标点处快速启动命令、读取提示和输入值。用户可在创建和编辑几何图形动态下查看标准值，如长度和角度，并可以通过 Tab 键在各值之间切换，动态输入的有关设置可在"草图设置"对话框的"动态输入"选项卡中完成。可直接单击状态栏中的 DYN 按钮完成动态输入功能"开 / 关"的切换。

4．对象选择

1) 直接点取方式

通过鼠标或其他输入设备直接点选实体后，实体呈高亮度显示，表示该实体已被选中，可以对其进行编辑。

点选是最基本的选择方式，此种方式一次只能选择一个图形对象。当用户执行了某一个修改命令时，命令行自动出现选择对象的提示，这是系统自动进入点选的模式，十字光标切换成方形，用户只需将此方框放在要选图形的边缘上单击左键即可选择该图形对象。

2) 窗口选择方式

框选是使用频率最高的选择方式，当用户一次选择多个对象时，往往使用框选的操作方式。当命令行出现选择对象的提示时，用户只需根据屏幕上的位置拉出一矩形选择框，位于选择框内的图形和选择框边界相交的图形就是将要被选择的图形对象，此种选择方式按照选择的结果和操作方法又分为全选和框选。

(1) "全选"就是从右向左拉出一矩形选择框，所拉出的选择框为虚线形式，选择的结果就是完全位于选择框内的图形对象和与选择框边界相交的图形对象。

(2) "框选"就是从左向右拉出一矩形选择框，所拉出的选择框为实线形式，选择的结果就是：完全位于选择框内的图形才能被选中，与选择框边界相交的图形对象不会被选中。

3) 交叉方式

交叉选择对象方法和窗口选择对象的方法相似，只不过鼠标是自右下角到左上角框选出一个矩形窗口。同时，交叉选择对象与窗口选择对象也有区别：窗口选择对象要求所选择的对象全部被框在窗口内，而交叉选择对象则是窗口内的图形对象和与窗口相交的图形对象都将被选中。在命令行输入"CROSSING(C)"即可启动交叉选择对象命令。

4) 快速选择方式

"快速选择"调用方式：

①	菜单栏	"工具"→"快速选择"
②	绘图区	右击选择"快速选择"
③	命令行	Qselect

AutoCAD 为用户提供了对象的快速选择功能，该工具位于工具菜单栏下。快速选择工具能够根据对象的类型、图层、颜色、线型、线宽等特性设定过滤条件，然后系统将在指定的选择集中自动筛选，最终识别出满足过滤条件的图形对象。在此对话框内共有三级过滤功能，其中应用到下拉列表为快速选择的一级过滤工具，用于指定适合将过滤条件应用到整个图形或者当前的选择集；对象类型列表框为快速选择的二级过滤工具，用于指定要包含在过滤条件中的对象类型；特性文本框是快速选择的三级过滤工具，用于指定过滤区的对象特性，然后在下侧的"运算符"和"值"列表框内确定对象的过滤值，如图 1-14 所示。

图 1-14   "快速选择"对话框

5. 视窗的显示控制

1) 视窗缩放

AutoCAD 为用户提供多种不同的视窗缩放工具，利用这些视窗的缩放控制工具，用户可以很方便地根据需要改变图形在当前视口中的显示，从而使用户更容易观察和编辑视窗中的图形对象，如图 1-15 所示。执行这些缩放功能有以下三种方式：①单击"镶嵌"工具栏中的各种视窗缩放功能；②单击"视图"→"缩放"内的各种选项；③在任意工具栏上右击，在打开的工具栏菜单内"激活缩放"工具栏，通过单击"缩放"工具栏中的各种按钮可以很方便地调整视图的各种显示。

图 1-15　"缩放"工具栏

(1) 窗口缩放用于缩放由两个交点所定义的矩形窗口的区域，使位于在矩形窗口内的图形尽可能放大显示。

(2) 激活"动态缩放"工具之后，屏幕将切换到临时的虚拟显示状态，此时在屏幕上显示三个视图框，其中绿色的为当前视图框，就是在执行这一工具之前的显示区域；蓝色的为图形界限或图形范围视图框，它显示图形界限或图形范围视图框较大的一个；第三个实线的视图框为选择视图框，此视图框有两种视图状态，即平移和缩放，平移状态下小光标为"×"形式，此时单击左键小光标变为"→"形式，视图框由平移状态转化为缩放状态，当视图框被缩放后按 Enter 键，结果位于视图框内的图形被放大显示。

(3) 比例缩放是以指定的比例因子缩放显示当前的视图，并且视图的中心点保持不变，激活比例缩放，在命令行的提示下输入比例因子可以对当前的视图进行比例缩放。输入比例因子时有三种方式：①在命令行直接输入一个数值，如"2"后按 Enter 键，此种缩放方式表示相对于当前图形界限的放大倍数；②缩放上一个，在命令行输入"2X"后按 Enter 键，此种缩放方式表示相对于当前视图的缩放倍数；③在缩放数字后加"XP"符号，此种缩放方式应用在图纸空间内，表示将根据图纸空间单位确定缩放比例。

(4) 中心缩放用于缩放显示由中心点和缩放比例所定义的窗口，激活"中心缩放"视图将以指定的点作为新视图的中心点显示。假如视图缩放后中心点位于图形的某一位置，左键单击拾取一点，此时命令行出现输入比例或高度的提示，如果用户直接在命令行内输入一个数值，系统缩放的结果将输入的数值作为新视图的高度；如果用户输入的是数值后边加"X"，则表示相对于当前视图的缩放倍数。

(5) 缩放对象工具用于在当前视窗内最大化显示所选择的单个或多个图形对象。

(6) 全部缩放工具将根据图形界限或当前图形的范围尺寸缩放视图，由于该图形完全处在图形界限之内，所以执行该功能之后系统将最大化显示图形界限，与图形范围无关。

(7) 范围缩放工具适用于将所有的图形对象全部显示在屏幕上并最大限度地充满整个屏幕，此种缩放方式与图形界限无关。激活此工具会引起图形的再生成，速度较慢。

(8) 放大和缩小工具的使用是每单击一次视图放大一倍或缩小为原来的一半显示。

2) 视窗平移

平移是最常用、最简单的视窗调整工具，平移就是用户按照自己的意愿平移视图进行观察，便于用户观察图形。

"平移"调用方式：

①	菜单栏	"视图"→"平移"
②	工具栏	🖐
③	命令行	Pan(P)

6. 查询功能

1）距离

查询距离命令用于查询两点之间的距离以及两点的连线与 x 轴和 xy 平面的夹角等参数。激活该命令后，命令行出现"指定第一点"提示，捕捉需要查询的第一点，在指定第二点的提示下再捕捉第二点，然后命令行出现两点的连线距离、xy 平面的倾角等。

"查询距离"调用方式：

①	菜单栏	"工具"→"查询"→"距离"
②	工具栏	▤
③	命令行	dist (di)

2）面积

查询面积命令用于查询单个封闭对象或者由若干点所围成的区域的面积以及周长，还可以对对象的面积进行加减运算。激活该命令后，命令行出现指定"第一个角点"提示，其中对象选项用于查询单个封闭对象的面积和周长，加、减用于对查询的多个对象面积进行运算，如果用户查询由多个点所围成的区域，可以分别按照顺时针或逆时针方向拾取需要查询的多个点，然后按 Enter 键。

"查询面积"调用方式：

①	菜单栏	"工具"→"查询"→"面积"
②	命令行	Area

二、新知识点

1. 直线

"直线"调用方式：

①	菜单栏	"绘图"→"直线"
②	工具栏	"绘图"→✏
③	命令行	LINE(L)

直线是绘图工具中最基本的工具，绘制时选择"直线"工具，在绘图区域单击一点，确定起点，然后再选择另一点确认，形成一条直线。

2．删除

"删除"调用方式：

①	菜单栏	"修改"→"删除"
②	工具栏	"修改"→
③	命令行	EARSE(E)

"删除"是修改工具中最基本的工具，绘制时可以选择"删除"工具，在绘图区域中选择要删除的对象，按 Enter 键确定或右击，完成删除；也可以先选择要删除的对象，单击"删除"工具，完成删除。

三、绘制图形

1．绘制外墙线

新建文件，启动"直线"工具，打开"正交"辅助工具，按照指定长度绘制房屋的墙身部分，如图 1-16 所示。

图 1-16　绘制外墙线

2．绘制屋顶

屋顶的绘制除了运用直线绘制平行线之外，还需要极坐标的应用，因为小房子的屋顶为坡屋顶，倾斜度需要作特殊处理。用相对极坐标@80＜30 确定倾斜点，对称点的相对极坐标为@80＜150，如图 1-17、图 1-18 所示。

图 1-17　绘制屋顶(一)

图 1-18　绘制屋顶(二)

3．绘制门窗

完成墙体和屋顶后绘制门窗，因为门和窗都处在墙线之内，所以要绘制辅助线来完成门窗的绘制，注意完成后应删除辅助线，如图 1-19、图 1-20 所示。

图 1-19　绘制门窗(一)　　　　　　　　图 1-20　绘制门窗(二)

4．填充墙体

对小房子进行下部的墙体填充，先绘制下墙线距地面高 16 个单位，然后打开工具栏中的"图案填充"弹出如图 1-21 所示对话框，单击"样例"图案后弹出"填充图案选项板"对话框，如图 1-22 所示，选择 BRICK 图标进行填充，然后回到"图案填充和渐变色"对话框，单击"添加：拾取点(K)"选择小房子下部填充的墙体区域内的一点，按 Enter 键确认。如图 1-23 所示，完成全图。

图 1-21　"图案填充和渐变色"对话框　　　　图 1-22　"填充图案选项板"对话框

图 1-23　完成的全图

　　本图例是一个小尺寸的图样练习，所以不必设置绘图环境，但如果绘制大尺寸的建筑施工图就必须在开始作图前设置绘图环境，否则整体比例及图幅就会出现问题。后面的项目将为读者一一介绍建筑施工图的绘制。

任务三　图形文件管理

一、新建图形文件

　　"新建"调用方式：

①	菜单栏	"文件"→"新建"
②	工具栏	📄
③	命令行	NEW 或 QNEW
④	快捷键	Ctrl+N

　　通过以上方法可以创建新图形文件，此时将打开"选择样板"对话框，如图 1-24 所示。在"选择样板"对话框中，可以在"名称"列表框中选中某一样板文件，这时在其右面的"预览"框中将显示出该样板的预览图像。单击"打开"按钮，可以以选中的样板文件为样板创建新图形，此时会显示图形文件的布局(选择样板件 acad.dwt 或 acadiso.dwt 除外)。

图 1-24　"选择样板"对话框

二、打开图形文件

"打开"调用方式：

①	菜单栏	"文件" → "打开"
②	工具栏	📂
③	命令行	OPEN
④	快捷键	Ctrl+O

通过以上方法可以打开已有的图形文件，此时将打开"选择文件"对话框，如图 1-25 所示。选择需要打开的图形文件，在右面的"预览"框中将显示出该图形的预览图像。默认情况下，打开的图形文件的格式为.dwg。在 AutoCAD 中，以"打开"、"以只读方式打开"、"局部打开"和"以只读方式局部打开"四种方式打开图形文件。当以"打开"、"局部打开"方式打开图形时，可以对打开的图形进行编辑；如果以"以只读方式打开"、"以只读方式局部打开"方式打开图形时，则无法对打开的图形进行编辑。如果选择以"局部打开"、"以只读方式局部打开"打开图形，这时将打开"局部打开"对话框。可以在"要加载几何图形的视图"选项组中选择要打开的视图，并选择要打开的图层，然后单击"打开"按钮，即可在视图中打开选中图层上的对象。

图 1-25 "选择文件"对话框

三、保存图形文件

"保存"调用方式：

①	菜单栏	"文件" → "保存" 或 "另存为"
②	工具栏	💾
③	命令行	QSAVE
④	快捷键	Ctrl+S

在 AutoCAD 中，第一次保存创建的图形时，系统将打开"图形另存为"对话框。默认情况下，文件以"AutoCAD 2012 图形(*.dwg)"格式保存，也可以在"文件类型"下拉列表框中选择其他格式，如图 1-26 所示。

图 1-26 "图形另存为"对话框(一)

四、图形文件加密

在"图形另存为"对话框中(如图 1-27 所示)的"工具"下拉菜单中，选择"安全选项"命令，调出"安全选项"对话框。在该对话框的"用于打开此图形的密码或短语"文本框中输入所需的密码(如图 1-28 所示)，单击"确定"按钮，完成文件加密设置。

图 1-27 "图形另存为"对话框(二)

图 1-28　"安全选项"对话框

项目总结

本项目介绍了通过基本的绘图修改命令进行简易房屋的绘制，并且让读者了解和接触到了建筑图形的基础，对 AutoCAD 2012 有一个既概括又全面的认识。在绘制施工图前期对绘图环境和设置有个大致认识，这样可为后面的具体项目的绘制做好充足的知识储备。

课后拓展

练习绘制 A3 图框线，如图 1-29 所示。

图 1-29　图框线练习

项目二　绘制建筑总平面图

　　在建筑制图中，建筑施工图用于建筑物的外部形状、内部布置、内外装修、构造及施工要求，同时还要满足国家有关建筑制图标准和建筑行业的习惯表达，它是建筑施工、编制建筑工程预算、工程验收的重要技术依据。一套完整的建筑施工图，包括图纸首页、建筑总平面图、建筑平面图、建筑立面图、建筑剖面图、建筑详图等图纸。

　　建筑总平面设计主要表达建筑定位、建筑的高度、建筑与周边道路或环境的关系等。本部分内容将通过图 2-1 所示的"某教学楼的总平面图"详细介绍建筑总平面图的识图和利用 AutoCAD 2012 绘制建筑总平面图的主要方法与步骤。

图 2-1　某教学楼的总平面图

项目要点

如图 2-1 所示，该区域内除原有住宅楼还有原建办公楼、招标楼和绿化等。图中用粗实线画出的图形表示新建办公楼的平面轮廓，用细实线画出的则是原有建筑物。各个平面图形的小黑点数表示房屋的层数。其中，带有圆角的细实线表示道路和绿化的边线，细点划线表示道路的中心线。

通过本章的学习和实践，掌握总平面图的识图，图形界限、图层的设置，"矩形"、"正多边形"、"椭圆"、"圆"等绘图工具，"复制"、"移动"、"偏移"、"倒角"、"延伸"、"修剪"等修改工具的使用，以及建筑总平面图的绘制与表示方法等。

任务一　确定绘图内容及流程

一、识图

1. 建筑总平面图的形成和作用

建筑总平面图简称总平面图，是表达建筑工程总体布局的图样。通常通过在建设地域上空向地面一定范围投影得到总平面图。总平面图表明新建建筑物所在地有关范围的总体布置，它着重体现拟建建筑物的大小、形状及周边道路、房屋、绿地和建筑红线之间的关系，表达室外空间设计效果。建筑总平面图是单体建筑施工放线、确定开挖范围及深度、场地布置以及水、暖、电管线设计的主要依据，也是道路及围墙、绿化、水池等施工的重要依据。

2. 建筑总平面图的阅读内容

(1) 阅读标题栏、图名、比例。
(2) 阅读设计说明。
(3) 了解新建建筑物的位置、层数、朝向等。
(4) 了解新建建筑物的首层地坪、室外设计地坪的标高以及周围地形、等高线等。
(5) 了解新建建筑物的周围环境状况。
(6) 了解原有建筑物、构筑物和计划扩建的项目等。
(7) 了解其他新建项目。
(8) 了解当地常年主导风向。

3. 建筑总平面图的绘制内容及要求

(1) 图名、比例尺。
(2) 建筑地域的环境状况，如地理位置、建筑物占地界限及原有建筑物、各种管道等。
(3) 应用图例以表明新建区、原有建筑的总体布置，表明各个建筑物和构筑物的位置、道路、广场、室外场地和绿化等的布置情况以及各个建筑物和层数等。在总平面图上，一般应该画出所采用的主要图例及其名称。此外，对于《建筑制图标准》中缺乏规定而需要自定义的图例，必须在总平面图中绘制清楚，并注明名称。

(4) 确定新建或者扩建工程的具体位置，一般根据原有的房屋或者道路来定位，并以 m 为单位标注出定位尺寸。

(5) 当新建成片的住宅楼和构筑物时往往采用坐标来确定每一个建筑物及其道路转折点等的位置。

(6) 画出指北针图形，用来表示该地区构筑物方向，有时也可以只画出单独的指北针。

建筑总平面图所包括的范围较大，因此需要采用较大的比例，根据《建筑制图标准》，绘制建筑总平面图通常采用 1∶500、1∶1000、1∶5000 等比例尺，并以图例来表示出新建的、原有的、拟建的建筑物以及地形环境、道路和绿化布置。当标准图例不够时，必须另行设定图例，在建筑总平面图中画出自定义的图例并注明其名称。常用总平面图图例如表 2-1 所示。

表 2-1　常用总平面图图例

序　号	图　例	名　称	备　注
1		新设计的建筑	(1) 需要时用▲表示出入口，在图形内右上角用点数或数字表示建筑的层数 (2) 建筑物外形(一般以±0.00 高度处的外墙定位轴线或外墙面为准)用粗实线绘制，需要时地面以上建筑用中粗实线表示，地下建筑用细虚线表示
2		原有的建筑	用细实线表示
3		计划扩建的建筑或预留地	用中粗虚线表示
4		拆除的建筑	用细实线表示
5		建筑物下面的通道	
6		其他露天堆场或露天作业场	必要时注明材料名称
7		散状材料露天堆场	
8		铺砌场地	
9		露天桥式起重机	+为柱的位置
10		围墙及大门	砖石、混凝土或金属材料等实体性质的围墙，若仅表示围墙时不用画大门
11		围墙及大门	镀锌铁丝网、篱笆等通透性质的围墙，若仅表示围墙时不用画大门

二、绘图流程

(1) 新建图形，建立绘图环境。

(2) 绘制道路和各种建筑物、构筑物。

(3) 绘制建筑物局部和绿化的细节。

(4) 尺寸标注、文字说明和绘制图例。

(5) 加图框和标题栏。

任务二　常见图形元素的绘制

一、新知识点

1. 矩形

1)　"矩形"调用方式

①	菜单栏	"绘图"→"矩形"
②	工具栏	"绘图"→ ▭
③	命令行	rectang(REC)

2)　绘制方法

(1) "对角点"方式：默认设置下画矩形的方式，通过定位出矩形的两个对角点绘制矩形。选择"矩形"命令，绘制如图 2-2 所示图形，命令行提示如下。

命令: rectang✓ (注："✓"表示 Enter 键，下同)	启动"矩形"命令
指定第一个角点或 [倒角(C)/标高(E)/圆角(F)/厚度(T)/宽度(W)]:	拾取一点，定位矩形第一个角点
指定另一个角点或 [面积(A)/尺寸(D)/旋转(R)]: @300,200✓	输入对角点的坐标确定唯一矩形

图 2-2　矩形绘制

(2) "尺寸"方式：指定尺寸的长度和宽度，绘制矩形，命令行提示如下。

命令: rectang✓	启动"矩形"命令
指定第一个角点或 [倒角(C)/标高(E)/圆角(F)/厚度(T)/宽度(W)]:	拾取一点，定位矩形第一个角点
指定另一个角点或 [面积(A)/尺寸(D)/旋转(R)]: d✓	选择"尺寸"选项
指定矩形的长度 <10.0000>: 300✓	输入矩形长度
指定矩形的宽度 <10.0000>: 200✓	输入矩形宽度
指定另一个角点或 [面积(A)/尺寸(D)/旋转(R)]:	指定矩形的位置

(3) "面积"选项：用于根据矩形的面积和矩形一条边的长度精确绘制矩形。

(4) "旋转"选项：用于为矩形指定放置角度。

2. 正多边形

1) "正多边形"调用方式

①	菜单栏	"绘图" → "正多边形"
②	工具栏	"绘图" → ⬠
③	命令行	polygon(POL)

"正多边形"命令用于绘制等边、等角的闭合图形。

2) 绘制方法

(1) "内接于圆"方式：默认设置下是以"内接于圆"方式绘制正多边形，需指定正多边形外接圆的半径，命令行提示如下。

命令: polygon✓	启动"正多边形"命令
输入边的数目 <4>:5✓	设置正多边形的边数
指定正多边形的中心点或 [边(E)]:	拾取一点作为中心点
输入选项 [内接于圆(I)/外切于圆(C)] <I>: i✓	采用当前设置，可直接按 Enter 键
指定圆的半径: 150✓	输入外接圆半径，效果如图 2-3(a)所示

(a) 内接于圆方式　　　(b) 外切于圆方式　　　(c) 边方式

图 2-3 "正多边形"的绘制方法

(2) "外切于圆"方式：与"内接于圆"方式的绘制方法基本一致，区别在于当输入相同数值时出图的效果有所差异，如图 2-3(b)所示。

(3) "边"方式：画多边形是通过输入多边形一条边的边长来精确绘制正多边形的。在对正多边形定位边时，需要分别定位出边的两个端点，命令行提示如下。

命令: polygon✓	启动"正多边形"命令
输入边的数目 <4>:5✓	设置正多边形的边数
指定正多边形的中心点或 [边(E)]:e	选择用"边"来绘制多边形
指定边的第一个端点:	拾取一点作为边的一个端点
指定边的第二个端点: @150,0	结果如图 2-3(c)所示

3. 圆

1) "圆"调用方式

①	菜单栏	"绘图" → "圆"
②	工具栏	"绘图" →
③	命令行	circle(C)

2) 绘制方法

提供了六种方法, 如图 2-4 所示。

(1) 定距画圆。"定距画圆"包括"半径画圆"和"直径画圆"两种基本的画圆方式, 默认方式为"半径画圆"。当用户定位出圆的圆心之后, 只需输入圆的半径或直径即可, 命令行提示如下。

命令: circle✓	启动"圆"命令
指定圆的圆心或 [三点(3P)/两点(2P)/相切、相切、半径(T)]:	在绘图区拾取一点作为圆的圆心
指定圆的半径或 [直径(D)] <0.0000>: 150✓	输入半径即可

(2) 定点画圆。"定点画圆"包括"两点画圆"和"三点画圆"两种方式, 用户只需在圆周上定位出两点或三点, 即可精确画圆。两点画圆命令行提示如下。

命令: circle✓	启动"圆"命令
指定圆的圆心或 [三点(3P)/两点(2P)/相切、相切、半径(T)]:2P✓	选择"两点"
指定圆直径的第一个端点	拾取一点作为直径的第一个端点
指定圆直径的第二个端点	拾取直径上另一个端点

(3) 相切画圆。AutoCAD 为用户提供了"相切、相切、半径"和"相切、相切、相切"两种相切画圆方式, 前一种相切方式是分别拾取两个相切对象后, 再输入相切圆的半径。命令行提示如下。

命令: circle✓	启动"圆"命令
指定圆的圆心或[三点(3P)/两点(2P)/相切、相切、半径(T)]: t ✓	选择"相切、相切、半径"画法
指定对象与圆的第一个切点	拾取一点作为直径的第一个端点
指定对象与圆的第二个切点	拾取直径上另一个端点
指定圆的半径 <99.3811>:150✓	输入圆的半径

(a) 圆心、半径(R)　　(b) 圆心、直径(D)　　(c) 三点(3)

(d) 两点(2)　　(e) 相切、相切、半径(T)　　(f) 相切、相切、相切(A)

图 2-4　六种绘圆方法示意

4. 椭圆

1）"椭圆"调用方式

①	菜单栏	"绘图"→"椭圆"
②	工具栏	"绘图"→
③	命令行	ellipse(EL)

2）绘制方法

提供了两种绘制方法。

（1）"轴端点"方式。指定一条轴的两个端点和另一条轴的半长绘制椭圆，命令行提示如下。

命令: ellipse↙	启动"椭圆"命令
指定椭圆的轴端点或 [圆弧(A)/中心点(C)]:	拾取一点，定位椭圆轴的一个端点
指定轴的另一个端点:@200,0↙	确认单击轴上另一个端点
指定另一条半轴长度或 [旋转(R)]:40↙	绘制出如图 2-5 所示椭圆

（2）"中心点"方式。首先确定出椭圆的中心点，然后再确定椭圆轴的一个端点和椭圆另一半轴的长度。命令行操作如下。

命令: ellipse↙	启动"椭圆"命令
指定椭圆的轴端点或 [圆弧(A)/中心点(C)]: c↙ 指定椭圆的中心点	捕捉刚绘制的椭圆的中心点
指定轴的端点：@0,60↙	确定轴端点
指定另一条半轴长度或 [旋转(R)]: 35↙	绘制出如图 2-6 所示椭圆

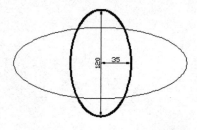

图 2-5 轴端点示例	图 2-6 "中心点"方式画椭圆

5．复制

"复制"命令可以在保持原有对象的基础上，将选择的对象复制到图中的其他部分，形成一个完整的复制，减少重复绘制同样图形的工作量。

1) "复制"调用方式

①	菜单栏	"修改"→"复制"
②	工具栏	"修改"→ 🖼
③	命令行	copy

2) 绘制方法

选择"复制"命令，将图 2-7 中的图形复制到指定位置，命令行提示如下。

命令: copy✓	启动"复制"命令
选择对象：找到 1 个	选择图 2-8 中所示的矩形进行复制
选择对象	确认选择
指定基点或 [位移(D)] <位移>	指定复制的基点
指定第二个点或 <使用第一个点作为位移>	选择复制的新位置确认操作

图 2-7 复制对象

6．移动

移动对象仅仅是对象位置的移动，而不改变对象的方向和大小。要非常精确地移动对象，可以使用捕捉模式、坐标和对象捕捉等辅助工具。

1) "移动"调用方式

①	菜单栏	"修改"→"移动"
②	工具栏	"移动"→ ✥
③	命令行	move(M)

2) 绘制方法

选择"移动"命令，将正五边形移动到新的位置，如图 2-8 所示，其操作的命令行提示如下。

命令：move↙	启动"移动"命令
选择对象：找到 1 个	单击选取正五边形
选择对象	确认选择
指定基点或 [位移(D)] <位移>	选择移动的基点
指定第二个点或 <使用第一个点作为位移>	单击选择图形要移动的新的位置点

图 2-8　移动对象

7. 旋转

"旋转"命令用于将图形围绕指定的基点进行旋转。

1) "旋转"调用方式

①	菜单栏	"修改" → "旋转"
②	工具栏	"修改" → ⟳
③	命令行	rotate(RO)

2) 绘制方法

选择"旋转"命令，将正方形旋转 45° 放置。

指定一条轴的两个端点和另一条轴的半长绘制正方形，命令行提示如下。

命令: rotate↙ UCS 当前的正角方向： ANGDIR=逆时针　ANGBASE=0	启动"旋转"命令
选择对象: 指定对角点: 找到 1 个	选择图 2-9 所示的正方形
选择对象:	按 Enter 键确认结束选择
指定基点:	捕捉正方形左下角点作为基点
指定旋转角度，或 [复制(C)/参照(R)] <0>: 45↙	输入旋转角度，绘图结果如图 2-10 所示

图 2-9　绘制正方形

图 2-10　旋转结果

注：在旋转对象时，输入的角度为正值，系统将按逆时针方向旋转；输入的角度为负值，系统将按顺时针方向旋转。

8. 倒角

"倒角"命令是指使用一条线段连接两条不平行的线。

1)"倒角"调用方式

①	菜单栏	"修改"→"倒角"
②	工具栏	"修改"→
③	命令行	chamfer(CHA)

2) 绘制方法

提供了两种绘制方法。

(1) "距离倒角"方式，指通过直线输入两条图线上的倒角距离进行倒角，命令行提示如下。

命令: chamfer↙ ("修剪"模式) 当前倒角距离 1 = 0.0000，距离 2 = 0.0000	启动"倒角"命令
选择第一条直线或 [放弃(U)/多段线(P)/距离(D)/角度(A)/修剪(T)/方式(E)/多个(M)]: d↙	激活"距离"选项
指定第一个倒角距离 <0.0000>:200↙	设置第一倒角长度
指定第二个倒角距离 <150.0000>: 150↙	设置第二倒角长度
选择第一条直线或 [放弃(U)/多段线(P)/距离(D)/角度(A)/修剪(T)/方式(E)/多个(M)]	选择水平线段
选择第二条直线，或按住 Shift 键选择要应用角点的直线	选择倾斜线段

倒角的绘制过程如图 2-11 所示。

图 2-11 "距离倒角"的绘制过程

注：用于倒角的两个倒角距离值不能为负值，如果将两个倒角距离值设为零，那么倒角的结果就是两条图线被修剪或延长，直至相交于一点。

(2) "角度倒角"方式。通过设置一条图线的倒角长度和倒角角度进行倒角，如图 2-12 所示。使用此方式为图线倒角时，首先需要设置对象的长度和角度，命令行提示如下。

命令: chamfer↙ ("修剪"模式) 当前倒角距离　1 = 0.0000，距离　2 = 0.0000	启动"倒角"命令
选择第一条直线或 [放弃(U)/多段线(P)/距离(D)/角度(A)/修剪(T)/ 方式(E)/多个(M)]: a↙	激活"角度"选项
指定第一个倒角距离　<0.0000>: 100↙	设置倒角长度
指定第一条直线的倒角角度　<0>:30	设置倒角角度
选择第一条直线或 [放弃(U)/多段线(P)/距离(D)/角度(A)/修剪(T)/ 方式(E)/多个(M)]	选择水平线段
选择第二条直线，或按住 Shift 键选择要应用角点的直线	选择倾斜线段作为第二倒角对象

倒角的绘制过程如图 2-12 所示。

图 2-12　角度倒角的过程

二、常见图形元素绘制方法

在建筑绘图中，有一些固定的图形代表固定的含义，现就本例中总平面图中的常见元素的绘制方法做一介绍。

1. 建筑轮廓线

一般建筑物轮廓线直接使用"直线"命令或"矩形"命令绘制，用不同的线宽表示不同类型的建筑物。如图 2-1 总平面图所示建筑物轮廓线。

2. 围墙

围墙用围墙符号绘制(围墙符号如图 2-1 所示)，也可以使用块等距测量对象方式或使用偏移等方法绘制。

3. 道路、花坛、喷泉池

道路用直线或多段线命令绘制一边，然后使用偏移命令按路宽厚度偏移已画的直线。对于其他已知两对象相对位置关系的图形也可用偏移命令复制对象后，再经修改得到需要的图形。道路圆弧可以使用"圆角"、"倒角"命令，注意尽量不用圆弧命令。根据"圆"的命令通过相关尺寸把花坛和喷泉池画出，局部用"修剪"命令修饰一下即可。

4. 树木、草坪

绘制树木可以通过使用"圆"、"多段线"命令绘制后，再使用"多段线编辑"命令修改得到一个闭合的不规则圆形曲线。使用"圆环"命令在其中心画一个圆点，代表一棵树木，用同样的方法绘制几棵相邻且有所差别的树木，然后把它们大量复制，根据需要插入到绿化地带。

草坪的绘制：用"直线"命令或"多段线"命令绘制草坪的封闭区域，然后用"图案填充"命令填充相应的花草图案即可。

任务三　建立绘图环境

在开始绘制建筑总平面图前，要先对绘图环境进行相应设置，做好绘图前的准备。

一、新建文件

启动 AutoCAD 2012，选择"文件"→"新建"命令或者单击▢按钮，将新文件保存为"建筑总平面图.dwg"。

二、设置建筑绘图单位及精度

建筑绘图单位的设置主要包括"长度"和"角度"两大部分，系统默认的长度类型为"小数"，角度类型为"十进制度数"。"单位"命令就是专用于设置图形单位及图形精度的工具。

1. "单位"命令的调用方式

①	菜单栏	"格式"→"单位"
②	命令行	UNITS(UN)

2. 有关绘图单位和单位精度的一般设置步骤

(1) 选择"格式"→"单位"命令，打开如图 2-13 所示"图形单位"对话框。

(2) 在"长度"选项组中展开"类型"下拉列表框，设置长度的类型，默认设置为"小数"。

(3) 展开"精度"下拉列表框，以设置单位的精度，默认为"0.000"。用户可以根据需要设置单位的精度。

(4) 在"角度"选项组中，展开"类型"下拉列表框，设置角度的类型，默认为"十进制度数"；展开"精度"下拉列表框，设置角度的精度，默认为 0。用户可以根据需要进行设置。

注：　"顺时针"复选框是用于设置角度的方向，如果选中该选项，那么在绘图过程中就以顺时针作为正角度方向，否则以逆时针方向作为正角度方向。

（5）在"插入时的缩放单位"选项组内设置拖放内容的单位，默认为"毫米"。

（6）设置角度的基准方向。单击按钮，打开如图 2-14 所示"方向控制"对话框，用来设置角度的起始位置，默认水平向右为 0°角。

图 2-13 "图形单位"对话框   图 2-14 "方向控制"对话框

三、设置图形界限和显示

在 AutoCAD 软件中，"图形界限"表示的是"绘图的区域"，它相当于手工绘图时所定制的草纸。由于在平时绘图过程中，需要经常绘制不同尺寸的图形，所以在开始绘图之前，一般都需要根据图形的总体范围设置不同的绘图区域，使绘制后的图形完全位于作图区域内，便于视图的调整及用户的观察编辑等。

1. 设置"图形界限"

"图形界限"调用方式：

①	菜单栏	"格式"→"图形界限"
②	命令行	limits

设置图形界限的命令行提示如下。

命令: limits↙ 重新设置模型空间界限	启动"图形界限"设置工具
指定左下角点或 [开(ON)/关(OFF)] <0.0000,0.0000>:↙	此处可输入"0，0"也可直接按 Enter 键
指定右上角点 <420.0000,297.0000>:150000,100000(与教材数值不符，请确认)↙	指定右上点坐标确定矩形的图形界限

2. 显示图纸大小

在命令行输入 z，并按 Enter 键，在系统提示下输入 A，命令行提示如下。

命令: z✓	启动缩放工具
指定窗口的角点，输入比例因子 (nX 或 nXP)，或者 [全部(A)/中心(C)/动态(D)/范围(E)/上一个(P)/比例(S)/窗口(W)/对象(O)] <实时>: A✓	选择"全部"
正在重新生成模型	此时显示整体图形界限

四、设置图层

在工程绘图中，许许多多的图形叠放在同一个平面上，如建筑物的施工平面图、电路布线图和管道布线图等，如果把这些图绘制在一张图纸上，显然错综复杂，很难分辨各种图形。而在 AutoCAD 中，采用了图层的方法就很好地解决了这一问题。即把它们分层绘制，通过层的关闭和打开分别显示图形，这既可以提供绘图定位的方便，又可以了解图形之间相对位置的关系。

形象地说，一个图层就像一张透明图纸，可以在不同的透明图纸上分别绘制不同的实体，最后再将这些透明图纸叠加起来，从而得到最终的复杂图形。

1．图层的性质

AutoCAD 对图层的数量没有限制，因此，原则上在一幅图中可以建立任意多个层。各个层具有以下几个特性。

(1) 共享坐标系。在一个层上建立的坐标系，在其他层上均能使用，因此所有层都具有完全相同的坐标系。

(2) 严格对齐。坐标相同的点应重合在一起，不会发生错位。

(3) 具有相同的绘图界限和缩放比例。

2．图层的作用

1) 控制图形的显示

图层上的图形可以显示在屏幕上，也可以隐藏起来，以使图形简单、清晰。

2) 冻结图形

图层上的图形可以被冻结起来，冻结后的图形既不显示在屏幕上，又不能参与各种运算，因而可以加快图形处理的速度。

3) 锁住图形

图层的图形可以被锁住，锁住后的图形不能被选择命令选中，因而不能用编辑命令进行修改，这样可以保护图形，防止一些误操作。

4) 设置图形的颜色、线型和线宽

每个层都具有颜色、线型和线宽特性，如不经特别设置，层上所有图形都具有所在层规定的颜色和线型，因此无须对每个对象都进行颜色和线型的设置。

3. "图层"的调用方式

①	菜单栏	"格式"→"图层"
②	工具栏	"图层"→
③	命令行	layer(LA)

4. "图层"的创建方法

(1) 选择"图层"命令，在打开的"图层特性管理器"对话框中单击 按钮，新图层将以临时名称"图层1"显示在列表中，如图 2-15 所示。

图 2-15　新建图层

(2) 用户在反白显示的"图层 1"区域输入新图层的名称，即"中心线"，创建第一个新图层。

5. 图层内特性设置

1) 图层颜色的设置

(1) 单击名为"中心线"的图层，使其处于激活状态，如图 2-16 所示。

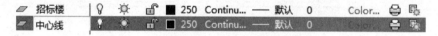

图 2-16　修改图层颜色

(2) 在图 2-16 所示的颜色区域上单击左键，打开"选择颜色"对话框(如图 2-17 所示)，选择颜色，单击"确定"按钮，即可将图层的颜色设置成功。

图 2-17　"选择颜色"对话框

2) 图层线型的设置

(1) 在如图 2-18 所示的"中心线"图层上单击"线型"图标，打开"选择线型"对话框。

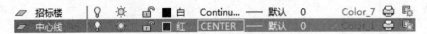

图 2-18　修改图层线型

(2) 单击"加载"按钮，打开"加载或重载线型"对话框，选择 CENTER 线型，如图 2-19 所示。

图 2-19　"加载或重载线型"对话框

(3) 单击"确定"按钮，结果选择的线型被加载到"选择线型"对话框内。按照步骤操作即可得到如图 2-20 所示的线型设置。

图 2-20　设置线型

3) 图层线宽的设置

(1) 选择"新建办公楼"图层，然后在线宽位置上单击左键，如图 2-21 所示。

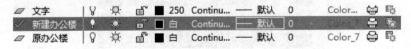

图 2-21　修改层的线宽

(2) 此时系统打开"线宽"对话框，然后在对话框中选择 0.30mm 线宽，如图 2-22 所示。

(3) 单击"确定"按钮，关闭"图层特性管理器"对话框。

根据建筑总平面图的绘制需要，对其进行如图 2-23 所示的图层特性设置。

图 2-22　选择线宽

图 2-23　总平面图"图层特性管理器"对话框

任务四　绘制图形

一、绘图主要思路

任务四主要介绍总平面图的整体绘图步骤，其中绘图环境的设置已在任务三中设置完成。总平面图的图形是不规则的，画法上难度较大，但它的精度要求不高，根据对图形的特点，总平面图内的各种元素可以从不同角度进行绘制，根据绘图的流程完成总平面图的绘制。

二、绘制过程

1. 绘制道路

建筑总平面图的道路是由一系列平行直线和圆弧组成的，具体绘制步骤如下。

(1) 置当前层为"中心线"层，如图 2-24 所示。

图 2-24　"中心线"为当前层

(2) 选择"直线"命令，命令行提示如下。

命令: line↙　指定第一点	激活"直线"命令，选择水平轴线起点
指定下一点或 [放弃(U)]：　<正交 开>214250↙	打开正交功能，输入轴线长度
指定下一点或 [放弃(U)]：↙	选择水平轴线的端点进行确认
命令: line↙　指定第一点：(距离上一条水平线 107625 点处)	选择水平轴线的端点进行确认

续表

指定下一点或 [放弃(U)]: 239550✓	选择水平轴线的端点进行确认
命令: line✓ 指定第一点	单击确定竖直轴线起点
指定下一点或 [放弃(U)]: 145045✓	向上拖曳鼠标并输入竖直轴线长度
指定下一点或 [放弃(U)]: ✓	确认
命令: lts✓	编辑线型比例
LTSCALE 输入新线型比例因子 <10.0000>:300✓	根据窗口大小选择适当比例

(3) 选择"偏移"命令绘制道路线。将两条水平轴线各向上、下偏移出 1 条线段，将竖直轴线各向左、右偏移出 1 条线段，然后再将原竖直线根据尺寸向左偏移两条线段，以此作为道路线，如图 2-25(a)所示，命令行提示如下。

命令: offset✓	激活"偏移"命令
当前设置: 删除源=否 图层=源 OFFSETGAPTYPE=0	
指定偏移距离或 [通过(T)/删除(E)/图层(L)]: 4125✓	输入偏移值
选择要偏移的对象，或 [退出(E)/放弃(U)] <退出>:	单击 a 水平线段
指定要偏移的那一侧上的点，或 [退出(E)/多个(M)/放弃(U)] <退出>	向上、下各单击一次，按 Enter 键
命令: offset✓	激活偏移命令
当前设置: 删除源=否 图层=源 OFFSETGAPTYPE=0	
指定偏移距离或 [通过(T)/删除(E)/图层(L)]: 5250✓	输入偏移值
选择要偏移的对象，或 [退出(E)/放弃(U)] <退出>:	单击 b 水平线段
指定要偏移的那一侧上的点，或 [退出(E)/多个(M)/放弃(U)] <退出>:	向下单击一次，按 Enter 键
同理，命令: offset✓，可得到 b 水平线段上面的水平线段	
命令: offset✓	激活偏移命令
当前设置: 删除源=否 图层=源 OFFSETGAPTYPE=0	
指定偏移距离或 [通过(T)/删除(E)/图层(L)]: 3375✓	输入偏移值
选择要偏移的对象，或 [退出(E)/放弃(U)] <退出>	单击 c 垂直线段
指定要偏移的那一侧上的点，或 [退出(E)/多个(M)/放弃(U)] <退出>	向左、右各单击一次，按 Enter 键
命令: offset✓	激活偏移命令
当前设置: 删除源=否 图层=源 OFFSETGAPTYPE=0	
指定偏移距离或 [通过(T)/删除(E)/图层(L)]: 136875✓	输入偏移值
选择要偏移的对象，或 [退出(E)/放弃(U)] <退出>	单击 c 垂直线段
指定要偏移的那一侧上的点，或 [退出(E)/多个(M)/放弃(U)] <退出>	向左单击一次，按 Enter 键
同理，命令: offset✓，输入数值 6000✓	
单击刚才最后得到的竖直线段	向左单击一次，按 Enter 键

使用同样的方法将 d 竖直线段偏移 11250，可得到一条竖直线段，如图 2-25(b)所示。

(a)   (b)

图 2-25 "偏移"示意图

(4) 将刚偏移出的 7 条线段切换到"道路"层。

① 选中 7 条线段。

② 单击▣将其切换到"道路"层。

③ 选择轴线图层，如图 2-26 所示。

图 2-26 "道路"为当前层

(5) 选择"修剪"命令，绘制结果如图 2-25(a)所示。

命令：trim✓	激活"修剪"命令
当前设置：投影=UCS，边=延伸 选择剪切边…	默认的设置
选择对象或 <全部选择>：✓	选择水平直线作为剪切边
选择对象： 选择要修剪的对象，或按住 Shift 键选择要延伸的对象，或[栏选(F)/窗交(C)/投影(P)/边(E)/删除(R)/放弃(U)]	单击左键(选择要修剪的部分)
选择要修剪的对象，或按住 Shift 键选择要延伸的对象，或[栏选(F)/窗交(C)/投影(P)/边(E)/删除(R)/放弃(U)]	单击左键(选择要修剪的部分)
选择要修剪的对象，或按住 Shift 键选择要延伸的对象，或[栏选(F)/窗交(C)/投影(P)/边(E)/删除(R)/放弃(U)]	按 Enter 键确认

(6) 启动"圆角"命令，绘制两直线圆角，绘制结果如图 2-25(b)所示，命令行窗口的操作步骤如下。

命令：fillet✓ 当前设置：模式 = 修剪，半径 =1	激活"圆角"命令
选择第一个对象或 [放弃(U)/多段线(P)/半径(R)/修剪(T)/多个(M)]：r✓	调出命令对圆角半径进行修改
指定圆角半径 <0.0000>：3000✓	设置圆角半径为 3000
选择第一个对象或 [放弃(U)/多段线(P)/半径(R)/修剪(T)/多个(M)]	单击选取水平线段
选择第一个对象或 [放弃(U)/多段线(P)/半径(R)/修剪(T)/多个(M)]	单击选取垂直线段

使用同样的圆角方法进行操作将可得到图 2-25(b)所示图形。

2. 绘制原住宅楼

本例中原住宅楼是以矩形直接绘制而成，以道路作为相对参考位置，绘制这样的图可以借用矩形命令。具体绘制步骤如下。

(1) 置当前层为"原住宅楼"层，如图 2-27 所示。

图 2-27　"原住宅楼"为当前层

(2) 启动"矩形"命令，按图 2-28(a)所示进行操作。

(3) 启动"复制"命令。按图 2-28(b)所示进行操作，完成原住宅楼的绘制。

图 2-28　绘制原住宅楼

3. 绘制原建围墙

原建围墙可通过直线的绘制得到，其他围墙可用"直线"命令或"多段线"命令绘制，也可用"偏移"命令绘制，具体绘制步骤如下。

(1) 置当前层为"原建围墙"层，如图 2-29 所示。

图 2-29　"原建围墙"为当前层

(2) 启动"直线"命令，命令行提示如下。

命令: line↙　指定第一点: (距离道路 9750 处)	选择竖直线段的端点进行确认
指定下一点或 [放弃(U)]:17250↙	选择竖直线段的端点进行确认
指定下一点或 [放弃(U)]:86250↙	选择水平线段的端点进行确认

(3) 启动"圆角"命令，圆角半径设置为 3000。

(4) 启动"偏移"命令，偏移距离为 225，如图 2-30 所示。

运用"直线"、"偏移"命令相同的方法绘制另两处原建围墙，如图 2-31 所示。

图 2-30 绘制原建围墙

(a)

(b)

图 2-31 绘制原建围墙

4. 绘制招标楼和原办公楼

本例中已有图形是以直线和正方形图形组成，以道路为相对参考位置，绘制这样的图形可以借用"修改"命令间接绘图。具体绘制步骤如下。

(1) 置当前层为"招标楼"层，如图 2-32 所示。

图 2-32 "招标楼"为当前层

(2) 启动"直线"命令，按如图 2-33 所示操作。

图 2-33 绘制招标楼

(3) 置当前层为"原办公楼"层，如图 2-34 所示。

图 2-34　"原办公楼"为当前层

(4) 运用"直线"、"正多边形"命令绘制，如图 2-35 所示。

(a)　　　　　　　　　　　　　　　　　(b)

图 2-35　绘制原办公楼

5. 绘制原建拆除

本例中原建拆除共有两栋，一栋以道路作为相对参考位置，一栋以原建围墙作为相对参考位置，绘制这样的图形可以借用"修改"命令间接绘图。具体绘制步骤如下。

(1) 置当前层为"原建拆除"层，如图 2-36 所示。

图 2-36　"原建拆除"为当前层

(2) 启动"直线"、"矩形"命令，按如图 2-37 所示操作完成原建拆除。

(a)　　　　　　　　　　　　　　　(b)

图 2-37　绘制原建拆除

6. 绘制新建办公楼

本例中新建办公楼是一栋 3 层楼，所以本图中新建办公楼尺寸如图 2-39 所示，新建建筑物需要用粗实线绘制。图中已经标出了其与已有建筑的相对位置，可以用"偏移"、"直线"命令、辅助线等方式绘制。

> **注：** 在绘制有相对位置关系的图形时，经常使用"对象捕捉追踪"更加快捷准确。

具体绘制步骤如下。

(1) 置当前层为"新建办公楼"层，线宽设置为 0.3，如图 2-38 所示。

图 2-38　"新建办公楼"为当前层

(2) 运用"直线"、"偏移"命令，完成如图 2-39 所示新建建筑物。

图 2-39　绘制新建办公楼

7. 绘制绿化草坪、喷泉池

草坪的绘制是利用图案填充的方法进行的。

(1) 置当前层为"绿化"层，如图 2-40 所示。

图 2-40　"绿化"为当前层

(2) 运用"直线"命令绘制草坪的边界，然后使用"偏移"、"圆角"等命令处理图形。

(3) 运用"图案填充"命令进行填充。

① 单击 按钮调出"图案填充"对话框，在"边界"选项卡中单击 <kbd>添加:拾取点(K)</kbd> 选择需要填充的图案。

② "图案填充"选项卡中选择填充的样例，进行填充。

③ 在角度和比例中对比例进行设置，由于本图中图形较大，所以根据绘图比例调整填充的比例为 1∶150。单击"确定"按钮进行填充。

④ 为了美观，添加了一些点缀：树和树坑。在图上显示为许多不规则的圆形。这里利用圆通过修剪及样条曲线的补充来完成，不必画出每个圆圈，只要绘出两或三个，其他通过复制即可。

在菜单栏中选择"格式"→"点样式"命令，出现如图 2-41 所示对话框，选取 后单击"确定"按钮。

图 2-41　"点样式"对话框

选择"定数等分"命令，命令行提示如下。

命令: divide✓	激活"定数等分"命令
选择要定数等分的对象	单击线段作为定数等分对象
输入线段数目或[块(B)]12✓	设置线段数目

如图 2-42 所示。

图 2-42　利用"定数等分"绘制

不规则的圆形再通过"复制"命令完成，如图 2-43 所示。

所有道路需要有树木的地方都按上面所提到的方法进行操作。

⑤ 绿化绘制效果如图 2-44 所示。

图 2-43　添加绿化

图 2-44　绿化绘制效果

8. 指北针的绘制

(1) 置当前层为 "0" 层, 如图 2-45 所示。

图 2-45　"0" 为当前层

(2) 先调出 "圆" 命令。

(3) 打开 "对象捕捉" 对话框选中象限点。

(4) 调出 "多段线" 命令, 运用多段线 "半宽" 这一特性绘制指北针中的箭头。

具体操作的命令行提示如下。

命令: circle↙	激活 "圆" 命令
指定圆的圆心或 [三点(3P)/两点(2P)/相切、相切、半径(T)]: 指定圆的半径或 [直径(D)]: 10000↙	设置指北针圆的半径大小
命令: pline↙	激活 "多段线" 命令
指定起点:	单击圆的上部象限点确定起点
当前线宽为 0.0000 指定下一个点或 [圆弧(A)/半宽(H)/长度(L)/放弃(U)/宽度(W)]: h↙	调出多段线的半宽功能
指定起点半宽 <0.0000>:0↙	
指定端点半宽 <0.0000>: 1200↙	设置多段线端点的半宽
指定下一个点或 [圆弧(A)/半宽(H)/长度(L)/放弃(U)/宽度(W)]	单击圆底部的象限点作为指北针的箭头端点

(5) 运用"单行文字"绘制指北针圆上的文字。

具体操作的命令行提示如下。

命令: dtext↙ 当前文字样式: Standard 当前文字高度: 3000↙ 指定文字的起点或 [对正(J)/样式(S)]:	调出"单行文字"命令
指定高度 <8858.2509>: 6415↙	设置文字的高度
指定文字的旋转角度 <0>:	按 Enter 键确认,输入"北"字,按两次 Enter 键确认退出文字录入状态

(6) 运用"移动"命令将"北"字放到指北针中圆上部合适的位置。绘制结果如图 2-46 所示。

图 2-46 指北针

任务五 尺寸标注与文字说明

尺寸标注是工程制图中一项重要内容。利用 AutoCAD 2012 可以设计不同的尺寸标注样式,可以为图形标注出各种尺寸。

一、尺寸标注的组成

AutoCAD 中,一个完整的尺寸标注是由尺寸线(角度标注又称为尺寸弧线)、尺寸界线、尺寸文字(即尺寸值)和尺寸箭头四部分组成。

二、新知识点

"标注样式"调用方式如下。

①	菜单栏	"标注"→"样式"
②	工具栏	⬚
③	命令行	DIMSTYLE

启动 DIMSTYLE 命令,AutoCAD 弹出如图 2-47 所示"标注样式管理器"对话框。

1. 对话框中主要选项的功能

1) "当前标注样式"标签

显示当前标注样式的名称。图 2-47 中说明当前标注样式为 ISO-25，这是 AutoCAD 2012 提供的默认标注样式。

图 2-47 "标注样式管理器"对话框

2) "样式"列表框

列出已有标注样式的名称。图 2-47 中说明当前只有一个样式，即 AutoCAD 提供的默认标注样式 ISO-25。

3) "列出"下拉列表框

确定要在"样式"列表框中列出哪些标注样式，可通过下拉列表在"所有样式"和"正在使用的样式"之间选择。

4) "预览"图像框

预览在"样式"列表框中所选中的标注样式的标注效果。

5) "说明"标签框

显示在"样式"列表框中所选定标注样式的说明。

6) "置为当前"按钮

将指定的标注样式设置为当前样式。设置方法为：在"样式"列表框中选择对应的标注样式，单击"置为当前"按钮即可。

提示：当需要已有的某一标注样式标注尺寸时，应首先将此样式设为当前样式。利用"样式"工具栏中的"标注样式控制"下拉列表框，可以方便地将某一标注样式设为当前样式。

7) "新建"按钮

创建新标注样式。单击"新建"按钮，AutoCAD 弹出如图 2-48 所示的"创建新标注样式"对话框。

用户可以通过对话框中的"新样式名"文本框指定新样式的名称；通过"基础样式"下拉列表框确定用于创建新样式的基础样式；通过"用于"下拉列表框，可以确定新建标注样式的适应范围。"用于"下拉列表框中有"所有标注"、"线性标注"、"角点标注"、"半径标注"、"直径标注"、"坐标标注"、"引线和公差"等选项，分别使新定义的样式适用于对应的标注。确定新样式的名称和有关设置后，单击"继续"按钮，AutoCAD弹出"新建标注样式"对话框，如图 2-49 所示。

图 2-48   "创建新标注样式"对话框

图 2-49   "新建标注样式"对话框

8）"修改"按钮

单击"修改"按钮，AutoCAD 弹出如图 2-50 所示"修改标注样式"对话框。此对话框与图 2-51 所示的"新建标注样式"对话框相似，也由七个选项卡组成。

9）"替代"按钮

设置当前样式的替代样式。单击"替代"按钮，系统弹出与"修改标注样式"类似的"替代当前样式"对话框，通过该对话框设置即可。

10）"比较"按钮

"比较"按钮用于对两个标注样式进行比较，或了解某一样式的全部特性。利用该功能，用户可以快速比较不同标注样式设置上的区别。单击"比较"按钮，系统弹出"比较标注样式"对话框，如图 2-51 所示。

图 2-50　"修改标注样式"对话框

图 2-51　"比较标注样式"对话框

在如图 2-51 所示对话框中，如果在"比较"和"与"两个下拉列表框中指定了不同的样式，AutoCAD 会在大列表框中显示出它们之间的区别；如果选择的是相同的样式，则在大列表框中显示出该样式的全部特性。

2. "新建标注样式"和"修改标注样式"中七个选项卡的作用

"新建标注样式"及"修改标注样式"两个对话框中均有"线"、"符号和箭头"等七个选项卡。下面介绍这些选项卡的作用。

1) "线"选项卡

(1) "尺寸线"选项组。

"尺寸线"选项组用于设置尺寸线的样式。其中，"颜色"、"线型"和"线宽"下拉列表框分别用于设置尺寸线的颜色、线型和线宽；"超出标记"微调框设置当尺寸"箭头"采用斜线、建筑标记、小点、积分或无标记时，尺寸线超出尺寸界线的距离；"基线间距"微调框设置当采用基线标记方式标注尺寸时，各尺寸线之间的距离。与"隐藏"选项对应的"尺寸线 1"和"尺寸线 2"复选框分别用于确定是否在标注的尺寸上省略第一段尺寸线、第二段尺寸线以及对应的箭头，选中复选框表示省略。

(2) "尺寸界线"选项组。该选项组用于设置尺寸界线的样式，具体包括以下几种。

"线型"下拉列表框：设置尺寸界线的线型。

"线宽"下拉列表框：指定尺寸界线的线宽。

"超出尺寸线"微调框：确定尺寸界线超出尺寸线的距离。

"起点偏移量"微调框：确定尺寸界线的起始点与标注对象之间的距离。

2) "符号和箭头"选项卡

该选项卡用于确定尺寸线的箭头样式，如图 2-52 所示。

(1) "箭头"选项组。

"第一项" / "第二个"下拉列表框：列出了箭头的名称和图例，可以从中选择一种样式。我们要求使用建筑制图使用的箭头样式，如图 2-52 所示。

图 2-52　"符号和箭头"选项卡

"引线"下拉列表框：用于指定引线标注的箭头样式。

"箭头大小"微调框：用于确定箭头的大小。建筑制图采用 2.5mm。

(2) "圆心标记"选项组。此选项组用于确定圆心标记的类型与大小。圆心的类型可在"无"(无标记)、"标记"(显示标记)和"直线"(显示为直线)之间选择。

"大小"微调框用于设定圆心标记的大小。在微调框中输入的值是圆心处短十字线长的一半。

(3) "弧长符号"选项组。此选项组用于为圆弧标注长度时，控制圆弧符号的显示。

"标注文字的前缀"表示要将弧长符号放在标注文字的前面。

"标注文字的上方"表示要将弧长符号放在标注文字的上方。

"无"表示不显示弧长符号。

(4) "半径折弯标注"选项组。折弯半径标注通常用在所标注圆弧的中心点位于较远位置时。"折弯角度"文本框确定半径标注的尺寸界线与尺寸线之间的横向直线的角度。

3) "文字"选项卡

"文字"选项卡用于设置标注文字的外观、位置及对齐方式，如图 2-53 所示。

(1) "文字外观"选项组，用于设置标注文字的外部特性。

(2) "文字位置"选项组，用于确定尺寸数字与尺寸线、尺寸界线的相对位置，包括以下三个选项。

"垂直"下拉列表框：控制尺寸文字相对于尺寸线在垂直方向的放置形式。有五个选项，即"置中"、"上"、"下"、"外部"和"日本工业标准"。绘图时常选用"上"形式，即水平方向尺寸，数字在尺寸线上方；垂直方向尺寸，数字在尺寸线左边。若选"置中"形式，即水平方向尺寸，数字在尺寸线中部；垂直方向尺寸，数字在尺寸线左边的中部，如图 2-54 所示。

图 2-53 "文字"选项卡

图 2-54 尺寸数字位于上部和中部

"水平"下拉列表框：有五个选项，即"置中"、"第一条尺寸界线"、"第二条尺寸界线"、"第一条尺寸界线上方"、"第二条尺寸界线上方"。绘图时常选用"置中"形式，即数字位于尺寸线的中部。

"从尺寸线偏移"微调框：用于设置尺寸线数字与尺寸线之间的距离。

(3) "文字对齐"选项组。该组件用于设置标注文字的放置方式，包括三个选项。

"水平"：所有尺寸数字始终沿水平方向放置，适用于标注角度尺寸。

"与尺寸线对齐"：所有尺寸数字始终沿尺寸线平行方向放置，适用于标注线型尺寸。

"ISO 标准"：当尺寸数字在尺寸界线以内时，尺寸数字沿尺寸平行方向放置；当尺寸数字在尺寸线以外时，尺寸数字沿水平方向放置。

4) "调整"选项卡

"调整"选项卡用于调整尺寸界线、箭头、尺寸数字的相互位置关系，如图 2-55 所示。该选项卡包括四个选项组："调整选项"、"文字位置"、"标注特征比例"和"优化"。

图 2-55　"调整"选项卡

下面介绍选项卡中各主要选项的功能。

(1) "调整选项"选项组。当尺寸线之间没有足够的空间同时放置尺寸文字和箭头时，确定首先从尺寸界线之间移出尺寸文字还是箭头，用户可以通过该选项组中的各单选按钮进行选择。

"文字或箭头(最佳效果)"：选择该项，系统自动调整尺寸数字和箭头，使其达到最佳的标注效果。

"箭头"：选择该项，当尺寸界限之间的空间绘不下箭头时，将箭头绘制在尺寸界线外侧。

"文字"：选择该项，当尺寸界限之间的空间标注绘不下尺寸数字时，将尺寸数字移到尺寸界线的外侧标注。

"文字和箭头"：选择该项，当尺寸界限之间的空间标注绘不下箭头和尺寸数字时，将箭头和尺寸数字绘制在尺寸界线的外侧。

"文字始终保持在尺寸界线之间"：选择该项，箭头和尺寸数字始终放置在尺寸界线之间。

(2) "文字位置"选项组。确定当尺寸文字不在默认位置时，应将其放在何处。用户可以在"尺寸线旁边"、"尺寸线上方，带引线"以及"尺寸线上方，不带引线"之间进行选择。

(3) "标注特征比例"选项组。该选项组用于控制大于图形的尺寸，根据不同的几何图形标注设置不同的比例系数，使得打印图形达到最佳效果。

"将标注缩放到布局"：用于控制是在图纸空间还是在当前的模型空间视窗上使用整体比例系数。如果仅选择在布局中进行比例缩放，全局比例选项会被禁用，并且标注比例与图形比例无关，修改图形比例将会改变标注文字高度和箭头尺寸大小。

"使用全局比例"：用于设置整体比例系数，默认值为"1"。AutoCAD 将控制尺寸线、尺寸界线、文字高度、箭头大小和偏移量等标注特征与全局比例系数相乘。全局比例会影响尺寸标注的自动测量值，与打印比例共同作用于打印图形的尺寸，即打印尺寸等于原尺寸和全局比例系数相乘。

(4) "优化"选项组。该选项组用于设置标注尺寸时是否进行附加调整。其中，"手动放置文字"复选框确定是否使 AutoCAD 忽略对尺寸文字的水平设置，以便将尺寸文字放在用户指定的位置；"在尺寸界线之间绘制尺寸线"复选框确定当尺寸箭头放在尺寸线外时，是否在尺寸界线内绘出尺寸线。

5) "主单位"选项卡

该选项卡用于设置主单位的格式、精度以及尺寸文字的前缀和后缀，图 2-56 为对应的对话框。

图 2-56 "主单位"选项卡

下面介绍选项卡中主要选项的功能。

(1) "线性标注"选项组，用于设置线性标注的格式与精度。

(2) "测量单位比例"子选项组，用于确定测量单位的比例，其中"比例因子"微调框用于确定测量尺寸的缩放比例。用户设置比例值后，AutoCAD 实际标出的尺寸值是测量值与该值之积的结果。可以满足按不同比例绘图和标注对象真实尺寸的机械制造、工程施工对图纸的要求。线性标注的测量值乘以比例因子为对象实际尺寸，AutoCAD 将按对象的实际尺寸进行尺寸标注。

"仅应用到布局标注"复选框，用于设置所确定的比例关系是否仅适用于布局。

(3) "消零"选项组，用于确定是否显示尺寸标注中的前导或后续零。

(4) "角度标注"选项组。

"单位格式"下拉列表框：用于设置角度标注尺寸单位。AutoCAD 提供了四种格式，即"十进制度数"(为默认设置)、"度 / 分 / 秒"、"百分度"和"弧度"。

"精度"下拉列表框：用于设置角度标注的精度位数。

"前导" / "后续"：用于是否消除前导和后续的零。

6) "换算单位"选项卡

该选项卡用于确定是否使用换算单位以及换算单位的格式。

7) "公差"选项卡

该选项卡用于设置测量尺寸的公差样式。

任务六　绘制图框和标题栏

图幅、图框、图标是施工图的组成部分。本部分将以 A3 标准图纸的格式绘制为例，学习图幅、图框、图标的绘制过程，进一步熟悉 AutoCAD 2012 的基本命令及其应用。A3 标准图纸的格式如图 2-57 所示。

图 2-57　A3 图纸

一、新知识点

1. 偏移

1) "偏移"调用方式

①	菜单栏	"修改" → "偏移"
②	工具栏	"修改" →
③	命令行	offset(O)

"偏移"命令用于将图线按照一定的距离或指定的点进行偏移。在工程图中可用来绘制一些距离相等、形状相似的图形，如环形跑道、人行道、阳台等实体图形。

2) 选择"偏移"命令的命令行提示

命令: offset✓	激活"偏移"命令
当前设置: 删除源=否 图层=源 OFFSETGAPTYPE=0	默认的设置
指定偏移距离或 [通过(T)/删除(E)/图层(L)] <通过>: 20✓	设置偏移距离
选择要偏移的对象,或 [退出(E)/放弃(U)] <退出>	单击如图 2-58 所示圆形作为偏移对象
指定要偏移的那一侧上的点,或 [退出(E)/多个(M)/放弃(U)] <退出>	在圆的内侧拾取一点
选择要偏移的对象,或 [退出(E)/放弃(U)] <退出>	单击直线作为偏移对象
指定要偏移的那一侧上的点,或 [退出(E)/多个(M)/放弃(U)] <退出>	在直线的上侧拾取一点
选择要偏移的对象,或 [退出(E)/放弃(U)] <退出>	按 Enter 键,结果如图 2-59 所示

图 2-58　圆内侧拾取一点的结果　　　　　图 2-59　圆上侧拾取一点的结果

3) 其他选项

指定偏移距离或 [通过(T)/删除(E)/图层(L)] <通过>:

(1) 通过(T): 如果在提示中输入"T"并按 Enter 键,便可确定一个偏移点,从而使偏移复制后的新实体通过该点。此时,相当于"复制"图形到相应的位置。

(2) 删除(E): 选择该项后,命令行将出现

要在偏移后删除源对象吗? [是(Y)/否(N)] <是>:

如果选择"是(Y)",即输入"Y",则表示在偏移后源对象消失,相当于"移动"命令。

(3) 图层(L): 对偏移复制的实体是否和原实体在一个图层进行确定。

2. 倒角

1) "倒角"调用方式

①	菜单栏	"修改"→"倒角"
②	工具栏	"倒角"→ ◻
③	命令行	Chamfer(cha)

注: "修剪"命令用于两条相交的线段。

2) 选择"倒角"命令

将图 2-60 所示的两组图线中的倾斜图线进行倒角。命令行提示如下。

命令: chamfer✓	启动"倒角"命令
("修剪"模式) 当前倒角距离 1 = 0.0000,距离 2 = 0.0000	

续表

选择第一条直线或 [放弃(U)/多段线(P)/距离(D)/角度(A)/修剪(T)/方式(E)/多个(M)]: d✓	激活"距离"选项
指定第一个倒角距离 <0.0000>:0✓	设置第一倒角长度
指定第二个倒角距离 <150.0000>: 0✓	设置第二倒角长度
选择第一条直线或 [放弃(U)/多段线(P)/距离(D)/角度(A)/修剪(T)/方式(E)/多个(M)]:	选择水平线段
选择第二条直线,或按住 Shift 键选择直线以应用角点或 [距离(D)/角度(A)/方法(M)]	选择斜线线段

3. 延伸

"延伸"调用方式:

①	菜单栏	"修改"→"延伸"
②	工具栏	"修改"→
③	命令行	extend(EX)

"延伸"命令可以将选定的对象延伸至指定的边界上,用户可以将所选的直线、射线、圆弧、椭圆弧、非封闭的二维或三维多段线延伸到指定的直线、射线、圆弧、椭圆弧、圆、椭圆、二维或三维多段线、构造线和区域等的上面。

命令: extend✓ 当前设置:投影=UCS,边=无	激活"延伸"命令
选择剪切边…	
选择对象或 <全部选择>:	选择要延伸到的边或图形
选择要延伸的对象,或按住 Shift 键选择要修剪的对象,或 [栏选(F)/窗交(C)/投影(P)/边(E)/放弃(U)]	选择要延伸的图形按 Enter 键确认,如图 2-61 所示

图 2-60　倒角结果

图 2-61　延伸结果

二、绘图流程

1. 新建图层

图层名称:A3 模板。

图层的相关设置:颜色为黑色、线型为 Continuous,线宽为 0.2mm,设置为当前层。

2. 设置绘图界限

在 CAD 绘图中要根据图样大小选择合适的绘图范围。一般来说，绘图范围要比图样稍大一些，对于 A3 图纸，设置 500×400 绘图界限即可。具体操作步骤如下，可参考图 2-62 命令窗口操作。

命令：limits↙	设置绘图界限，也可通过格式菜单栏进行设置
指定左下角点或[开(ON)/关(OFF)]<0.0000,0.0000>：↙	以<0.0000,0.0000>为图形界限的左下角点
指定右上角点<420.0000,297.0000>：500,400 ↙	设置 500×400 绘图界限
命令：zoom↙	用视图缩放命令进行缩放
[All/Center/Dynamic/Extents/Previous/Scale/Window]<real time>：A↙	进行全部缩放

注：这时虽然屏幕上没有发生什么变化，但绘图界限已经设置完毕，而且所设的绘图范围已全部呈现在屏幕上。栅格工具可以对您所设置的图形界限进行检测。

```
命令：limits
重新设置模型空间界限：
指定左下角点或 [开(ON)/关(OFF)] <0.0000,0.0000>：
指定右上角点 <420.0000,297.0000>：500,400
命令：zoom
指定窗口的角点，输入比例因子 (nX 或 nXP)，或者
[全部(A)/中心(C)/动态(D)/范围(E)/上一个(P)/比例(S)/窗口(W)/对象(O)] <实时>：a
```

图 2-62 设置图形界限

3. 绘制图幅

A3 标准格式图幅为 420mm×297mm，利用"直线"命令以及相对坐标来完成图幅，采用 1∶100 的比例绘图。

(1) 启动"直线"命令后，根据命令行提示按下述步骤进行操作，可参考图 2-63 完成操作步骤。

命令：line↙指定第一点	在屏幕左下方单击，定位图 2-63 中 A 点
指定下一点或 [放弃(U)]：@0，297↙	绘制直线段 AB
指定下一点或 [放弃(U)]：@420，0↙	绘制直线段 BC
指定下一点或 [闭合(C)/放弃(U)]：@0，−297↙	绘制直线段 CD
指定下一点或 [闭合(C)/放弃(U)]：C↙	将直线闭合，绘出直线段 DA，完成图幅绘制

(2) 相关说明。为了便于掌握，在学习 AutoCAD 阶段，将建筑图的尺寸暂时分为工程尺寸和制图尺寸两类。工程尺寸是指图样上有明确标注的，施工时作为依据尺寸，如开间尺寸、进深尺寸、墙体厚度、门窗大类等；而制图尺寸是指国家制图标准规定的图纸规格、一些常用符号及线型宽度尺寸等，如轴线编号大小、指北针符号尺寸、标高符号、字体高度、箭头的大小以及粗、细线的宽度要求等。

图 2-63 绘制图幅

当采用 1：100 的比例绘图时，对于这两种尺寸可作如下两种约定：第一，将所有制图尺寸扩大 100 倍。例如，在绘制图幅时，输入的尺寸是 59400×4200，而在输入工程尺寸时，按实际尺寸输入，如开间的尺寸是 3600mm，就直接输入 3600，这与手工绘图正好相反。第二，将所有制图尺寸按实际尺寸输入。例如，在绘制图幅时，输入的尺寸是 297×420，而在输入工程尺寸时，应将尺寸缩小为原来的 1/100，如开间的尺寸是 3600mm，就输入 36，这与手工绘图正好相同。

还可采用前面介绍到的"矩形"等命令简捷地绘制图幅。

4．绘制图框

因为图框线与图幅线之间有相对尺寸，所以在绘制图框时，可以根据图幅尺寸执行"偏移"、"复制"、"倒角"、"编辑多段线"等命令来完成，具体操作如下。

1) 偏移图幅线具体绘制

启动"偏移"命令后，根据命令行提示按下述步骤进行操作。

命令：offset↙	选择偏移命令对图幅线进行偏移
指定偏移距离或 [通过(T)/删除(E)/图层(L)] <5.0000>：25↙	确定图框线偏移的距离
选择要偏移的对象，或 [退出(E)/放弃(U)] <退出>	选择直线段 AB
指定要偏移的那一侧上的点，或[退出(E)/多个(M)/放弃(U)] <退出>	对 AB 进行向右偏移

说明：重复执行"偏移"命令，依次对 BC、CD、AD 线段向内侧进行偏移，偏移位移由 25 改为 5，可得到如图 2-64 所示效果。

图 2-64　偏移效果

2) 修剪图框线具体绘制

启动"倒角"命令后，将多余线段消除掉，具体操作步骤如下。

命令: chamfer↙ （"修剪"模式）当前倒角距离 1＝0.0000，距离 2＝0.0000	启动"倒角"命令
选择第一条直线或 [放弃(U)/多段线(P)/距离(D)/角度(A)/修剪(T)/方式(E)/多个(M)]: d↙	激活"距离"选项
指定第一个倒角距离 <0.0000>:0↙	设置第一倒角长度
指定第二个倒角距离 <150.0000>: 0↙	设置第二倒角长度
选择第一条直线或 [放弃(U)/多段线(P)/距离(D)/角度(A)/修剪(T)/方式(E)/多个(M)]	选择水平线段 A′B′
选择第二条直线，或按住 Shift 键选择直线以应用角点或 [距离(D)/角度(A)/方法(M)]	选择竖直线段 B′C′

说明：重复执行"倒角"命令，依次对 B′C′和 C′D′、C′D′和 A′D′、A′D′和 B′A′线段进行倒角，得到如图 2-65 所示效果。

图 2-65　倒角结果

3) 加粗图框线

制图标准要求图框线为粗线，需选中 A′B′C′D′设置其线宽，单击标准工具栏中的对象特性按钮▣，出现"对象特性"对话框，进行线宽的修改，如图 2-66 所示。加粗后的图框线如图 2-67 所示。

5. 绘制图标

图标的绘制与图框的绘制相同，也是通过"偏移"、"复制"、"修剪"等命令完成的。

1) 偏移图线

启动"偏移"命令，将 C′D′向左偏移 180 个单位，A′D′向上偏移 40 个单位，得到如图 2-68 所示效果。

图 2-66 "对象特性"对话框

图 2-67 加粗后的图框线

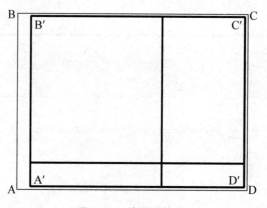

图 2-68 偏移后效果

2) 修剪图线

运用"倒角"命令将多余线段消除掉，也可以运用"修剪"命令将多余线段修剪掉，得到如图 2-69 所示图标外框。

图 2-69 修剪后标题栏外框

以同样方法可以完成图标内线的操作，最后得到如图 2-70 所示图形，完成 A3 模板绘制。

6. 填写标题栏

填写标题栏内容具体见任务五的文字设置和说明部分。最终形式和整体图样如图 2-71 和图 2-72 所示。

图 2-70 绘制图标结果 图 2-71 文字内容

图 2-72 A3 图框线

7. 图形保存

选择"文件"→"另存为"命令，弹出"图形另存为"对话框，选择一个文件夹，输入"A3 图框线"文件名后，单击"保存"按钮，这样就创建了一个 A3 图框线文件，保存好以备后期沿用。

项目总结

通过前一部分的学习，在对 AutoCAD 有了一定了解的基础上，本部分内容通过建筑总平面图的实例介绍如何利用 AutoCAD 绘制一个完整的建筑总平面图，通过本部分内容的学习，能够读懂并掌握画图过程中涉及的相关知识点，把各个知识点结合起来学习，做到融会贯通。

项目三 绘制建筑平面图

本项目将介绍建筑施工图——建筑平面图的基本知识和绘图过程。通过一个建筑平面图的实例，从轴线到最终的文字、标注，将整体演示利用 AutoCAD 2012 绘制一个完整建筑平面图的流程。建筑平面图是建筑设计中一个重要的组成部分，通过本章的学习，可以实现独立完成建筑平面图的绘制，如图 3-1～图 3-3 所示。

图 3-1 某住宅地下层平面图

图 3-2　某住宅一层平面图

图 3-3　某住宅标准层平面图

项目要点

平面图的绘制是建筑绘图中最基本也是最重要的一个环节，综合性很强。本项目主要介绍轴线、墙体、剪力墙、门窗、门窗洞口、平面楼梯的绘制步骤，所运用到的新命令有"圆角"、"多线"、"镜像"、"分解"、"多段线"、"图案填充"、"圆弧"、"标注"等，绘图环境有图形界限、单位、图形显示、捕捉以及图层的设置等。

任务一　确定绘图内容及流程

一、识图

建筑平面图是建筑施工图的基本样图，它是假想用一水平的剖切面沿门、窗洞位置(距地面约 1m 左右)将房屋剖切后，对剖切面以下部分所作的水平投影图。它反映出房屋的平面形状、大小和布置，墙、柱的位置、尺寸和材料，门窗的类型和位置等。

建筑平面图是建筑施工图中最重要的，也是最基本的图样之一，是施工放线、墙体砌筑和安装门窗的依据。对于多层建筑，一般应每层有一个单独的平面图。但一般建筑常常是中间几层平面布置完全相同，这时就可以省掉几个平面图，只用一个平面图表示，这种平面图称为标准层平面图。

建筑施工图中的平面图一般有：底层平面图(表示第一层房间的布置、建筑入口、门厅及楼梯等)、标准层平面图(表示中间各层的布置)、顶层平面图(即房屋最高层的平面布置图)以及屋顶平面图(即屋顶平面的水平投影，其比例尺一般比其他平面图小)。

二、建筑平面图的图示内容

建筑平面图反映了建筑平面的形状和尺寸、房间的大小和布置、门窗的开启方向等。应该严格按照国家制图标准表示出其尺寸和位置，具体内容如下。

1. 房屋建筑平面形状及平面房间布局

房屋平面形状：如点式住宅为正方形、条式建筑为矩形，有的公共建筑是圆形、多边形、半圆形等。

平面房间布局：如住宅建筑中客厅、主卧、次卧、卫生间、厨房等，办公楼的办公室、小型会议室、大型会议室、会客室、接待室、卫生间等，并注明各房间的使用面积。

2. 水平及竖向交通状况

水平交通：门、门厅、过厅、走廊、过道等。

竖向交通：楼梯间位置(楼梯平面布置、踏步、楼梯平台)、高层建筑电梯间的平面位置等。对于有特殊要求的建筑，竖向交通设施为坡道或爬梯。

3. 门窗洞口的位置、大小、形式及编号

通过平面图中所标注的细部尺寸可知道门窗洞口的位置及大小，门的形式可通过图例表示，如单扇平开门、双扇双开平开门、弹簧门等。

4. 建筑构(配)件尺寸、材料

墙、柱、壁柱、卫生器具等。

5. 定位轴线及编号

纵轴线、横轴线、附加轴线及其对应的轴线编号。它们是定位的主要依据。

6. 室内、外地面标高

底层平面图中，标注室外地面、室内地面；其他层平面图中，标注各层楼地面及与主要地面标高不同的地面标高。

7. 室外构(配)件

底层平面图中，与本栋房屋有关的台阶、花池、散水、勒脚、排水沟等的投影。

二层平面图中，除画出房屋二层范围的投影内容外，还应画出底层平面图中无法表达的雨篷、阳台、窗楣等内容。

三层以上的平面图则只需画出本层的投影内容及下一层的窗楣、阳台、雨篷等内容。

8. 综合反映其他各工种对土建的要求

例如，设备施工中给排水管道、配电盘、暖通等对土建的要求，在墙、板上预留孔洞的位置及尺寸。

9. 有关符号

剖面图的剖切符号：建筑剖面图的剖切符号标注在底层平面图中，包括剖面的编号及剖切位置。

详图索引符号：凡是在平面图中表达不清楚的地方，均要绘制放大比例的图样，在平面图中需要放大的部位需绘出索引符号。

指北针或风向频率玫瑰图：主要绘在底层平面图中。

10. 文字说明

凡是在平面图中无法用图线表达的内容，需要用文字进行说明。

三、建筑平面图的绘图流程

建筑平面图的绘图流程如下所述。

(1) 创建设置绘图环境。

(2) 绘制轴线。

(3) 开门、窗洞。

(4) 绘制墙体。

(5) 绘制柱子。

(6) 绘制门、窗图形。

(7) 绘制楼梯。

(8) 标注尺寸、文本。

(9) 插入图框，完成平面图。

在下一个任务中，将通过分步绘制一层平面图的构造部分向大家介绍利用 AutoCAD 2012 绘制建筑平面图的具体流程。

任务二　平面图中主要建筑构、配件的绘制

一、新知识点

1. 圆角

"圆角"调用方式：

①	菜单栏	"修改" → "圆角"
②	工具栏	"修改" → ◻
③	命令行	fillet(F)

"圆角"命令就是使两条线以一定半径的圆角相交，形成指定边角边的图样。半径由用户来自由指定，但是半径的数值是有范围的，最大为两条平行线间距的一半，也就是说，两条平行线也可以圆角、以半径为两条平行线间距一半的半圆连接，用户可以自行练习。

选择"圆角"命令，命令行提示如下。

命令：_fillet✓	激活"圆角"命令
当前设置：模式 = 修剪，半径 =0.0000	默认的设置
选择第一个对象或[放弃(U)/多段线(P)/半径(R)/修剪(T)/多个(M)]：r✓	对半径进行设置
指定圆角半径<0.0000>：10✓	设置半径为 10
选择第一个对象或[放弃(U)/多段线(P)/半径(R)/修剪(T)/多个(M)]：	十字光标变成"□"
然后单击要圆角的两条直线，完成圆角的操作	

> **说明：** 若不对半径进行设置，直接按 Enter 键，则默认为 0，单击两条直线后直接形成自动相交，延伸的线直接删除。

2. 多线

多线是高级绘图命令。多线是由 1～16 条平行线组成，这些平行线称为元素。通过指定的每个元素距多线原点的偏移量可以确定元素的位置。用户可以自己创建和保存多线样式，或使用包含两个元素的默认样式，还可以设置每个元素的颜色、线型以及显示和隐藏多线的接头。所谓接头就是指那些出现在多线元素每个顶点处的线条。

1) 设置多线样式

绘制多线前要设置多线样式，选择想要的线型。

"多线样式"调用方式：

①	菜单栏	"格式"→"多线样式"
②	命令行	mlstyle

选择"多线样式"命令，弹出对话框，如图 3-4 所示。

图 3-4 "多线样式"对话框

(1) "当前多线样式"：显示当前正在使用的多线样式。

(2) "样式"：列表框显示已经创建好的多线样式。

(3) "说明"：当前多线样式附加说明和描述。

(4) "预览"：显示当前选中的多线样式的形状。

(5) "置为当前"：用于设置将要创建的多线的多线样式。从"样式"列表框中选择一个名称，单击"置为当前"按钮即可。

(6) "新建"：单击"新建"按钮将弹出"创建新的多线样式"对话框，从中可以创建新的多线样式，如图 3-5 所示。

图 3-5 "创建新的多线样式"对话框

① "新样式名"文本框用于设置多线新样式的名称。

② "基础样式"下拉列表框用于设置参考样式。

设置完成后单击"继续"按钮，弹出图3-6所示的"新建多线样式"对话框。

图3-6 "新建多线样式"对话框

"说明"文本框用于设置多线样式的简单说明和描述。

"封口"选项组用于设置多线起点和终点的封闭形式。封口有四个选项，分别为"直线"、"外弧"、"内弧"和"角度"，图3-7所示为各种封口的情况示意图。

(a) 不封口   (b) 直线封口   (c) 外弧封口   (d) 内弧封口   (e) 60°角不封口

图3-7 多线封口示意图

"填充"选项组的"填充颜色"下拉列表框用于填充多线背景。

"显示连接"复选框用于显示多线每个部分端点上的连接线。

"图元"选项组用于设置多线元素的特性。元素特性包括每条直线元素的偏移量、颜色和线性。

"添加"按钮可将新的多线元素添加到多线样式中。

"删除"按钮可在当前的多线样式中删除不需要的直线元素。

"偏移"文本框用于设置当前多线样式中某个直线元素的偏移量，偏移量可以是正值，也可以是负值。

"颜色"下拉列表框用于设置颜色。

单击"线型"按钮，弹出"选择线型"对话框，可以从该对话框中选择已经加载的线型，或按需要加载线型。单击"加载"按钮，弹出"加载或重载线型"对话框，可以选择合适的线型。

(7) "修改"：单击"修改"按钮将弹出"修改多线样式"对话框，从中可以修改选定的多线样式，不能修改默认的 STANDARD 多线样式。参数与"新建多线样式"对话框相同，如图3-8所示。

图 3-8　"修改多线样式"对话框

(8) "重命名"：单击"重命名"按钮可以在"样式"列表框中直接重命名选定的多线样式，不能重命名 STANDARD 多线样式。

(9) "删除"：单击"删除"按钮可以从"样式"列表框中删除当前选定的多线样式，此操作并不会删除多线库(MLN)文件中的样式。

(10) "加载"：单击"加载"按钮将弹出"加载多线样式"对话框，可以从指定的 MLN 文件中加载多线样式，如图 3-9 所示。

图 3-9　"加载多线样式"对话框

(11) "保存"：单击"保存"按钮将弹出"保存多线样式"对话框，用户可以将多线样式保存或复制到 MLN 文件。如果指定了一个已存在的 MLN 文件，新样式定义将添加到此文件中，并且不会删除其中已有的定义，默认文件名是 acad.mln。

2) 绘制多线

在设置好多线样式后启动多线。

"多线"调用方式：

①	菜单栏	"绘图"→"多线"
②	命令行	mline(ML)

选择"多线"命令，命令行提示如下。

命令:_mline↙	启动多线
当前设置:对正=上，比例=20.00，样式=STANDARD	默认的设置
指定起点或[对正(J)/比例(S)/样式(ST)]	指定多线起点或修改多线设置
指定下一点:	选择下一点的位置
指定下一点或[放弃(U)]	选择下一点的位置或取消
指定下一点或[闭合(C)/放弃(U)]	选择下一点的位置、闭合或取消

在命令行提示中显示了当前多线的对齐样式、比例和多线样式，用户如果需要采用这些设置，则可以指定多线的端点绘制多线；用户如果需要采用其他设置，可以修改绘制参数。命令行提供了对正、比例、样式三个选项以供用户设置。

(1) 对正(J)。该选项的功能是控制将要绘制的多线相对于十字光标的位置。在命令行输入"J"，命令行提示如下。

命令:_mline↙	启动多线
当前设置:对正=上，比例=20.00，样式=STANDARD	默认的设置
指定起点或[对正(J)/比例(S)/样式(ST)]: J↙	输入"J"，设置对正方式
输入对正类型[上(T)/ 无(Z)/下(B)] <上>:	选择对正方式

mline 命令有三种对正方式："上"、"无"和"下"。默认选项为"上"，使用此选项绘制多线时，在光标下方绘制多线，因此在指定点处将会出现具有最大正偏移值的直线。使用选项"无"绘制多线时，多线以光标为绘制中心，拾取的点在偏移量为 0 的元素上，即多线的中心线与选取的点重合。使用选项"下"绘制多线时，多线在光标上面绘制，拾取点在多线负偏移量最大的元素上，使用三种对正方式绘图的效果如图 3-10 所示。

(a) "上"：最上方元素端点   (b) "无"：多线中心点   (c) "下"：最下方元素端点
　　　为对齐点　　　　　　　　　　为对齐点　　　　　　　　　为对齐点

图 3-10 对正样式示意图

(2) 比例(S)。该选项的功能是决定多线的宽度是在样式中设置宽度的多少倍。在命令行输入"S"，命令行提示如下。

命令:_mline↙	启动多线
当前设置: 对正=上，比例=20.00，样式=STANDARD	默认的设置
指定起点或[对正(J)/比例(S)/样式(ST)]: S↙	输入"S"，设置比例大小
输入多线比例<20.00>:	输入多线的比例值

如比例输入 0.5 则表示宽度是设置宽度的一半，即各元素的偏移距离为设置值的一半。因为多线中偏移距离最大的线排在最上面，偏移距离越小线越靠下，为负值偏移量的在多线原点下面，所以当比例为负值时，多线的元素顺序颠倒过来。

(3) 样式(ST)。该选项的功能是为将要绘制的多线指定样式。在命令行输入"ST"，命令行提示如下。

命令:_mline✓	启动多线
当前设置: 对正=上，比例=20.00，样式=STANDARD	默认的设置
指定起点或[对正(J)/比例(S)/样式(ST)]: ST✓	输入"ST"，设置多线样式
输入多线样式名或"?":	输入存在并加载的样式名，或输入"?"

输入"?"后，随即出现的文本窗口中将显示出当前图形文件已加载的多线样式，默认的样式为 STANDARD。

3) 多线编辑

"多线编辑"调用方式：

①	菜单栏	"修改"→"对象"→"多线"
②	命令行	MLEDIT

选择 MLEDIT 命令后，弹出如图 3-11 所示的"多线编辑工具"对话框。在这里可以对十字形、T 字形及有拐角和顶点的多线进行编辑，还可以截断和连接多线。对话框中有四组编辑工具，每组工具有三个选项。要使用这些选项时，只需要单击选项的图标即可。对话框中第一列控制的是多线的十字交叉处，第二列控制的是多线的 T 形交点的形式，第三列控制的是多线的拐角点和顶点，第四列控制的是多线的剪切和连接。

图 3-11 "多线编辑工具" 对话框

3. 镜像

"镜像"调用方式：

①	菜单栏	"修改"→"镜像"
②	工具栏	"修改"→ ⚠
③	命令行	mirror(MI)

镜像是将图形沿着给定的轴线对称反射的变换。镜像命令用于生成所选对象的对称图形，操作时需指出对称轴线。对称轴线可以是任意方向的，而原图形对象可以删去或保留。

命令：_mirror✓	启动镜像
选择对象：	指定图像全选
选择对象: 指定对角点: 找到 15 个 ✓	按 Enter 键确认
选择对象: 指定镜像线的第一点：	选择镜像第一点
选择对象: 指定镜像线的第二点：	选择镜像第二点
要删除源对象吗？[是(Y)/否(N)] <N>: ✓	按 Enter 键确认是否删除源对象，完成

图 3-12 所示图形为镜像命令绘制的图形。

图 3-12　镜像示例

4．分解

"分解"调用方式：

①	菜单栏	"修改"→"分解"
②	工具栏	"修改"→ 🗐
③	命令行	explode(X)

"分解"命令是将矩形、多边形、多段线、多线、块等单独的图形分解为更小的图形元素，以直线为单位的独立元素。

图 3-13 所示图形是正多边形绘制的，可分解为独立线段。

图 3-13　正六边形分解的前、后图对比

5. 多段线

"多段线"调用方式:

①	菜单栏	"绘图" → "多段线"
②	工具栏	"绘图" →
③	命令行	pline(PL)

"多段线"命令是由相连的多段直线或弧线组成,但被作为单一的对象使用,当用户选择组成多段线中任意一段直线或弧线时将选择整个多段线。多段线中的线条可以设置成不同的线宽以及不同的线型,具有很强的实用性。

命令: _pline✓	启动多段线
指定起点:	确定一点
当前线宽为 0.0000	
指定下一个点或 [圆弧(A)/半宽(H)/长度(L)/放弃(U)/宽度(W)]	选择要操作的命令
A ✓	选择圆弧
......	

(1) "圆弧(A)": 该选项用于将弧线段添加到多段线中。用户在命令行提示后输入"A",命令行提示如下。

指定圆弧的端点或[角度(A)/圆心(CE)/方向(D)/半宽(H)/直线(L)/半径(R)/第二个点(S)/放弃(U)/宽度(W)]:

圆弧的绘制方法将在下面绘制门窗的部分中介绍。其中的"直线(L)"选项用于将直线添加到多段线中,实现弧线到直线的绘制切换。

(2) "半宽(H)": 该选项用于指定从多段线线段的中心到其一边的宽度。起点半宽将成为默认的端点半宽。端点半宽在再次修改半宽之前将作为所有后续线段的统一半宽。宽线线段的起点和端点位于宽线的中心。用户在命令行提示后输入"H",命令行提示如下。

指定下一个点或 [圆弧(A)/闭合(C)/半宽(H)/长度(L)/放弃(U)/宽度(W)]: h
指定起点半宽 <0.0000>:
指定端点半宽 <0.0000>:

(3) "长度(L)": 该选项用于在与前一线段相同的角度方向上绘制指定长度的直线段。如果前一线段是圆弧,程序将绘制与该弧线段相切的新直线段。用户在命令行提示后输入L,命令行提示如下。

指定下一个点或 [圆弧(A)/闭合(C)/半宽(H)/长度(L)/放弃(U)/宽度(W)]: l
指定直线的长度:(输入沿前一直线方向或前一圆弧相切直线方向的距离)

(4) "宽度(W)": 该选项用于设置指定下一条直线段或者弧线的宽度。用户在命令行中输入"W",则命令行提示如下。

指定下一个点或 [圆弧(A)/半宽(H)/长度(L)/放弃(U)/宽度(W)]: w
指定起点宽度 <0.0000>:

指定端点宽度 <0.0000>:

(5) "闭合(C)"：该选项从指定的最后一点到起点绘制直线段或者弧线，从而创建闭合的多段线，必须至少指定两个点才能使用该选项。

(6) "放弃(U)"：该选项用于删除最近一次添加到多段线上的直线段或者弧线。

对于"半宽(H)"和"线宽(W)"两个选项，设置的是弧线还是直线线宽，由下一步所要绘制的是弧线还是直线来决定；对于"闭合(C)"和"放弃(U)"两个选项，如果上一步绘制的是弧线，则以弧线闭合多段线或者放弃弧线的绘制，如果上一步是直线，则以直线段闭合多段线或者放弃直线的绘制。

"修改多段线"调用方式：

①	菜单栏	"修改"→"对象"→"多段线"
②	命令行	pedit

其作用如下：

① 闭合一条非闭合的多段线；

② 打开一条已闭合的多段线，改变多段线的宽度；

③ 把整条多段线改变为新的统一宽度；

④ 改变多段线中某一条线段的宽度或锥度；

⑤ 将一条多段线分成两条多段线；

⑥ 将多条相邻的直线、圆弧和二维多段线连接组成一条新的多段线；

⑦ 移去两顶点间的曲线；

⑧ 移动多段线的顶点或增加新的顶点。

6. 图案填充

"图案填充"调用方式：

①	菜单栏	"绘图"→"填充图案"
②	工具栏	"绘图"→

> **说明：** 本任务中介绍的图案填充只涉及简单的柱填充，详细介绍见项目六。

7. 圆弧

"圆弧"调用方式：

①	菜单栏	"绘图"→"圆弧"
②	工具栏	"绘图"→
③	命令行	arc(A)

工具栏图标表示激活"圆弧"是三点画弧或指定圆弧的起点或[圆心(C)]，也就是用过"圆心、起点"的模式完成圆弧的画法。除此以外系统还为我们提供了其他圆弧画法，选择"绘图"→"圆弧"命令，出现子菜单如图3-14所示。

图 3-14　五类画弧方式

一共有五类画弧方式，下面对这五种方式进行介绍。

1) 指定三点方式

指定三点方式是 ARC 的默认方式，依次指定三个不共线的点，绘制的圆弧为通过这三个点而且起于第一个点、止于第三个点的圆弧。图 3-15 和图 3-16 为画弧的过程。

图 3-15　确定弧的第二点　　　　　　　　　　　图 3-16　确定弧的第三点

2) 指定起点、圆心的方式

圆弧的起点和圆心决定了圆弧所在的圆。第三个参数可以是画弧的端点(终止点)、角度(起点和端点的圆弧角度)和长度(圆弧的弦长)，各参数的含义如图 3-17 所示。

3) 指定起点、端点的方式

圆弧的起点和端点决定了圆弧所在的圆。第三个参数可以是画弧的角度、圆弧在起点处的切线方向和圆弧的半径，各参数的含义如图 3-18 所示。

图 3-17　起点、圆心法圆弧各参数　　　　　　图 3-18　起点、端点法圆弧各参数

4) 指定圆心、起点的方式

指定圆心、起点的方式与第二种绘制方式没有太大区别，这里不再赘述。

5) "继续"的方式

"继续"的方法绘制的弧线将从上一次绘制的圆弧或直线的端点处开始绘制，同时新的圆弧与上一次绘制的直线或圆弧相切。在执行 ARC 命令后的第一个提示下直接按下 Enter 键，系统便会采用此方法绘制圆弧。

二、墙体

绘制墙体线有很多种方式，一种是用"直线"或"多段线"命令绘制单条墙体线，再用"偏移"命令生成双线，最后用"修剪"命令修剪掉多余部分；另一种是使用"多线"命令直接绘制墙体线，再用"多线编辑"命令、"分解"和"修剪"命令得到内、外墙体线。

方法1：运用直线、偏移、修剪和圆角命令绘制墙体线。其步骤如下。

(1) 绘制完轴线并在轴线上开完门洞、窗洞后，进行墙体线的绘制，先在轴线上画出一道墙体线，如图 3-19 所示。

(2) 然后用"偏移"命令复制出两边的墙体线，如图 3-20 所示。

(3) 删除与轴线重合的墙体线，再用修剪和圆角工具完成最终的墙体线，如图 3-21 所示。

图 3-19　墙体线的绘制　　　图 3-20　墙体线的复制　　　图 3-21　最终结果

方法2：运用多线、多线编辑工具、镜像、分解和修剪绘制墙体线。其步骤如下。

(1) 绘制完轴线并在轴线上开完门洞、窗洞后(也可以先不开门、窗洞，用多线预留)，进行墙体线的绘制，先设置墙体的多线样式，第一步命名，内墙厚 200mm、外墙厚 280mm，如图 3-22～图 3-25 所示。

图 3-22　创建 200mm 墙多线样式

图 3-23　创建好两种墙体多线样式

图 3-24　设置 200mm 墙多线样式参数

图 3-25　设置 280mm 墙多线样式参数

(2) 激活"多线"命令，设置命令如下。

命令：mline↙	启动"多线"命令
当前设置：对正＝上，比例＝20.00，样式＝STANDARD	默认的设置
指定起点或[对正(J)/比例(S)/样式(ST)]：ST↙	输入"ST"，设置多线样式
输入多线样式名或"?"：W200↙	设置多线样式为 W200
当前设置：对正＝上，比例＝20.00，样式＝W200	
指定起点或[对正(J)/比例(S)/样式(ST)]：S↙	输入"S"，设置比例大小
输入多线比例<20.00>：1↙	设置比例为1
当前设置：对正＝上，比例＝1.00，样式＝W200	
指定起点或[对正(J)/比例(S)/样式(ST)]：J↙	输入"J"，设置对正方式
输入对正类型[上(T)/ 无(Z)/下(B)] <上>：Z↙	设置对正方式为居中
当前设置：对正＝无，比例＝1.00，样式＝ W200	完成设置
指定起点或[对正(J)/比例(S)/样式(ST)]：	捕捉图上的轴线点
指定下一点：	按照图 3-26 所示，最终形成墙体图线
指定下一点或[放弃(U)]：	
指定下一点或[闭合(C)/放弃(U)]：	
命令：_mirror↙	启动镜像
选择对象：	选择如图 3-26 所示的墙体
选择对象：找到 1 个，总计 6 个	按 Enter 键确认
选择对象：指定镜像线的第一点：	选择中轴线上一点
选择对象：指定镜像线的第一点：指定镜像线的第二点：	选择中轴线上另一点
要删除源对象吗？[是(Y)/否(N)] <N>：↙	按 Enter 键确认不删除源对象，如图 3-27 所示

图 3-26　启动多线命令绘制的墙体图线

(3) 以同样方法对平面图中外墙进行绘制，绘制时注意方向，设置墙体正值为 180、负值为-100，所以从左向右绘图为上 180、下 100，从右向左绘图为上 100、下 180。

(4) 绘制完成后镜像，如图 3-28 所示。

图 3-27　最终墙体图线

图 3-28　280mm 墙绘制完成后的镜像效果

(5) 最后对墙线进行多线编辑，启动"多线编辑"工具对多线进行修剪，如图 3-29 所示。运用 T 形合并、十字合并等。

图 3-29　启动"多线编辑"工具的修剪效果

对于特殊部位是不能进行"多线编辑"工具修剪的，只能用分解命令分解成单线，然后完成修剪，如图 3-30 所示。

图 3-30 特殊部分的修剪

三、剪力墙

剪力墙的绘制也有多种方法，这里主要介绍两种：多段线和图案填充。

方法 1：运用多段线绘制。其步骤如下。

激活"多段线"命令，提示如下。

命令: _pline↙	启动"多段线"命令
指定起点：	确定一点
当前线宽为 0.0000	
指定下一个点或 [圆弧(A)/半宽(H)/长度(L)/放弃(U)/宽度(W)]:w↙	选择宽度命令
指定起点宽度 <0.0000>: 200 ↙	输入宽度
指定端点宽度 <200.0000>: ↙	直接确定 200
指定下一个点或 [圆弧(A)/半宽(H)/长度(L)/放弃(U)/宽度(W)]	确定端点结束

本建筑为剪力墙结构，剪力墙尺寸宽为 200mm。剪力墙因部位的不同而导致长度的不同，所以最终成图如图 3-31 所示。

图 3-31 多段线绘制剪力墙

方法 2：运用图案填充。其步骤如下。

（1）绘制剪力墙的外轮廓，可以用直线、多段线、矩形绘制，尺寸为 200mm 宽，为不同长度的各种形状的长方形拼成的空心图形。如图 3-32 所示。

（2）选择图案填充命令，出现如图 3-33 所示对话框。

图 3-32　绘制剪力墙的外轮廓　　　　图 3-33　"图案填充和渐变色"对话框

（3）选择"样例"，出现如图 3-34 所示对话框，选择 SOLID。

（4）选择 SOLID，确定后出现"图案填充和渐变色"对话框，如图 3-35 所示。如果外框线是整体、连续的闭合图形，可以直接选择"添加：选择对象"；如果外框线不是整体、连续的图形，是直线围成的闭合图形，要选择"添加：拾取点"。

图 3-34　"填充图案选项板"对话框　　　　图 3-35　"图案填充和渐变色"对话框

(5) 最终作出剪力墙的填充图，如图 3-36 所示。

图 3-36 剪力墙填充图

四、门窗

门窗的绘制也有多种方法，首先门的绘制，可以用弧线绘制，也可以用 45°斜线表示，可以直接画出，也可以用图块直接插入；窗的绘制，可以直接用直线绘制，也可以用多线绘制，一般来说都采用多线，比较快捷。

门：这里用最简便的方法，即直线和圆弧绘制。

方法 1：画弧方式。

运用新知识点介绍的几种方式画弧，画弧方式是以门的开启点为圆心、半径为门洞长度的 90°的弧所围成的图形，如图 3-37 所示。

方法 2：直线方式。

直线方式是以门的开启点为基点，和门洞呈 45°角的直线，如图 3-38 所示。

图 3-37 画弧方式绘制门

图 3-38 直线方式绘制门

窗：这里也用最简便的方法，即多线绘制。其步骤如下。

(1) 设置多线参数。绘制窗线采用多线样式的元素数值为 1，绘制多线的比例为 280。

(2) 设置多线的比例。

命令：mline	启动多线
当前设置：对正=无，比例=20.00，样式=CHUANG	默认的设置
指定起点或[对正(J)/比例(S)/样式(ST)]：S	输入"S"，设置比例大小
输入多线比例<20.00>：280	设置比例为 280
当前设置：对正=上，比例=280.00，样式=CHUANG	最终设置，如图 3-39 所示

图 3-39　"新建多线样式"对话框

门窗最终的成图如图 3-40 所示。

图 3-40　绘制门窗

五、平面楼梯

平面楼梯的画法采用的都是有规则的直线，所以方法很多，如点的定距等分，然后连接直线；偏移；阵列等。这里介绍最简单的偏移、镜像方式。

其步骤如下。

(1) 楼梯间的梯井宽度为 100mm，梯段踏步宽度为 260mm，偏移距离 260 绘制踏步，进行偏移复制，如图 3-41 所示。

(2) 镜像梯段踏步，如图 3-42 所示。

(3) 补充应注明的上下楼方向及折断线，如图 3-43 所示。

图 3-41　偏移复制梯段踏步　　　　图 3-42　镜像踏步　　　　图 3-43　完成踏步绘制

任务三　建立绘图环境

在开始绘制建筑平面图前，首先需对绘图环境进行相应设置，做好绘图前的准备。

一、新建文件

启动 AutoCAD 2012，选择"文件"→"新建"命令或单击图标，创建新的图形文件。

二、设置图形界限

(1) 选择"格式"→"图形界限"命令或输入"limits"，命令行提示如下。

命令: _limits	启动"图形界限"设置工具
重新设置模型空间界限: 指定左下角点或 [开(ON)/关(OFF)] <0.0000,0.0000>:	此处可输入"0,0"或直接按 Enter 键
指定右上角点 <420.0000,297.0000>: 58000,29700	因建筑平面图的绘制比例为 1:100,图形放在 A3 图幅内,所以将图形界限放大 100 倍,输入"58000,29700"。

(2) 显示图纸大小。

方法 1:在命令行输入"Z",并按 Enter 键,在系统提示下输入"A"。

命令: zoom (z)	启动"缩放"工具
指定窗口的角点,输入比例因子 (nX 或 nXP),或者 [全部(A)/中心(C)/动态(D)/范围(E)/上一个(P)/比例(S)/窗口(W)/对象 (O)] <实时>: A	选择"全部"显示
正在重新生成模型	

方法 2:单击"视图"→"缩放"→"全部"命令,如图 3-44 所示。

图 3-44 视图菜单

提示:此操作的目的是让所设置的图形界限全部显示在当前的绘图区内。用户一定不要忽视这个步骤,这样才可以使自己设置的图形界限最大限度地显示在整个窗口中。

三、设置图层

在命令行输入"La"并按 Enter 键或者单击 ▦ 按钮,打开"图层特性管理器"对话框。

绘制建筑平面图，在"图层特性管理器"对话框中依次设置图层，如图 3-45 所示。其中的所有特性都可以单击相应的图标设置数值和形式，如果想要添加其他类型的线型可以选择"加载"，然后再选定相应的线型。

图 3-45 "图层特性管理器"对话框

提示：图层的设置要根据所绘制图的特点设置，可以在绘图之前全部设置好，也可以在绘图过程中逐步设置建议在绘图之前设置，这样做就会对所绘制的图有所认识与了解，对绘图的过程也会有个大致的思路，有利于提高绘图速度。

任务四 绘 制 图 形

任务四主要是介绍平面图的整体绘图步骤，通过任务三的具体绘制来完成整体的建筑平面图。

一、绘制定位轴线

无论是电子计算机绘图还是手绘，第一步都必须绘制定位轴线。定位轴线是用来确定建筑物主要结构或构件的位置及其标志尺寸的线。

(1) 将当前图层置为"轴线"图层，按照尺寸定位出轴线的位置，布出轴线网。在这里说明一下，由于本图例是一栋住宅楼，"一梯两户"户型，所以在绘制时可以先绘制一户，然后镜像另外一户，如图 3-46 所示。

(2) "轴线"显示为直线，因为图的尺寸较大所以显示过密，选择"格式"→"线型"命令出现"线型管理器"对话框。全局比例因子设置为 100，如图 3-47 所示。

图 3-46 分布轴线

图 3-47 "线型管理器"对话框

修改后的比例效果如图 3-48 所示。

图 3-48　分布轴线

二、绘制墙体线

墙的绘制在建筑制图中占有很重要的地位，因为墙体线能够表示出建筑平面的分隔方式，前面介绍过两种方法绘制墙体线。

方法 1：运用直线、偏移、修剪和圆角命令绘制墙体线。

方法 2：运用多线、多线编辑工具、镜像、分解和修剪命令绘制墙体线。

这两种方法都是绘制墙体线的主要方式，第二种更快捷，但是多线是高级绘图命令，使用时一定要注意样式和比例关系的设置，以免出现错误。

(1) 设置多线样式和两种墙体的线型分别为内墙(200mm)和外墙(280mm)，具体设置如图 3-22～图 3-25 所示，这里不再赘述。

(2) 在设置好多线后，绘制时注意对正、比例的设置，一般选择居中对齐。内墙是在轴线的基础上平分的，所以绘制的方向不影响结果，但是外墙是以轴线为界限，上下的厚度有所差别，绘制时注意方向，设置墙体正值为 180、负值为-100，所以从左向右绘图为上 180、下 100，从右向左为上 100、下 180。绘制时注意门窗洞口的留设，设置好准备画墙体线，如图 3-49 所示。

(3) 然后进行多线的合并，选择"修改"→"多线"命令，出现"多线编辑工具"，选择"T 形合并"、"十字合并"等进行修剪，其余的特殊部位不能用多线编辑的可以分解，然后用"修剪"命令修改完图，如图 3-50 所示。

图 3-49　设置好准备画墙体线

图 3-50　墙体线成图

三、绘制剪力墙

前面也介绍过绘制剪力墙的画法，即多段线和图案填充两种方式，在此还是运用最简单的多段线直接绘制的方式画出剪力墙，尺寸为宽 200mm，长度根据要求绘制，注意起点和终点位置的选择，如图 3-51 所示。

图 3-51　绘制剪力墙

四、绘制门窗

　　在前面曾经介绍过门用 90°弧线表示，窗用多线快速绘制。设置多线样式并注意比例的设置，具体如图 3-39 所示。绘制门窗仍然可以用单面绘制然后镜像的方法，最终成图如图 3-52 所示。

图 3-52　门窗最终成图

五、绘制楼梯

任务三已简单介绍过楼梯的绘制方法，那么再来回顾一下整体的步骤以及后期的完善。前面介绍过用偏移的方式绘制楼梯线，然后镜像形成楼梯平面，楼梯间的梯井宽度为100mm，梯段踏步宽度为260mm，然后继续完成细部的绘制，如图3-53所示。

使用多段线将折断线和楼梯的上、下示意方向绘制出来，注意多段线的使用和设置，如图3-54所示。

其步骤如下。

激活"多段线"命令，提示如下。

命令: _pline	启动"多段线"命令
指定起点:	确定楼梯"下"点
当前线宽为 0.0000	确定起点线宽为 0，直到画箭头的开始点
指定下一个点或 [圆弧(A)/半宽(H)/长度(L)/放弃(U)/宽度(W)]:w✓	选择宽度命令
指定起点宽度 <0.0000>: 100 ✓	输入宽度
指定端点宽度 <100.0000>: 0 ✓	确定起点宽度为 100，终点为 0
指定下一个点或 [圆弧(A)/半宽(H)/长度(L)/放弃(U)/宽度(W)]	输入 200 长度，结束

图 3-53　细部绘制

图 3-54　楼梯最终成图

任务五　尺寸标注和文字说明

建筑工程中的尺寸标注是建筑工程图的重要部分，在绘制好的图形中必须添加尺寸标注文字注释，以使得整幅图形内容和大小一目了然，利用 AutoCAD 2012 的尺寸标注命令可以方便快速地标注图中各种方向、形式的尺寸。

将"标注"层设置为当前层，在标准工具栏中右击，在弹出的快捷菜单中选择"标注"选项，从而打开"标注"工具栏，如图3-55所示，在"标注样式"下拉列表框中选择样式，本节采用之前在平面图中所设置的样式进行标注。

图 3-55 "标注"工具栏

图标显示了各种标注的名称和大致的形式，下面作一一介绍。

一、新知识点

1. 线性标注

"线性"标注调用方式：

①	菜单栏	"标注"→"线性"
②	工具栏	"绘图"→⊣
③	命令行	DIMLINEAR(DLI)

线性标注用于标注两点之间水平尺寸、垂直尺寸和旋转尺寸。当激活该命令时命令行出现指定第一条尺寸界限原点等操作提示，捕捉第一点然后再捕捉第二点，向下移动光标即可出现两点之间的水平距离，左、右移动光标即可出现两点之间的垂直距离然后单击左键确认，如图3-56所示。

指定两点距离后出现

[多行文字(M)/文字(T)/角度(A)/水平(H)/垂直(V)/旋转(R)]：

"多行文字"：用于以多行文字的形式为尺寸文本进行添加前后缀或修改尺寸文本，激活多行文字在打开的文字格式，选择符号直径添加尺寸前缀。

"文字"：是以单行文字的形式为尺寸文本进行添加前、后缀。

"角度"：为所标注的尺寸文本进行指定选择的角度。

"水平"：用于标注两点之间的水平尺寸。

"垂直"：用于标注两点之间的垂直尺寸。

"旋转"：用于为尺寸线进行指定旋转角度。

2. 对齐标注

"对齐"标注调用方式：

①	菜单栏	"标注"→"对齐"
②	工具栏	"绘图"→↖
③	命令行	DIMALIGNED(DAL)

对齐标注命令用于创建平行于所选对象或平行于两条尺寸界线原点连线的直线型尺寸。当激活该命令时命令行出现指定第一条尺寸界线原点等操作提示，拾取点或按Enter键

选择对象，系统自动测量出对象的尺寸，多行文字、文字、角度同线性标注命令用法相同，如图 3-57 所示。

图 3-56　线性标注

图 3-57　对齐标注

3. 基线标注

"基线"标注调用方式：

①	菜单栏	"标注" → "基线"
②	工具栏	"绘图" → 🗗
③	命令行	DIMBASELINE(DBA)

基线标注是从同一基准线标注的几个相互平行的尺寸，如图 3-58 所示。基线标注的前提是当前图形中已经用一个线性标注、坐标标注或者角度标注，这个标注的第一尺寸界线将作为基线标注的基准。

4. 连续标注

"连续"标注调用方式：

①	菜单栏	"标注" → "连续"
②	工具栏	"绘图" → ⊢⊢⊣
③	命令行	DIMCONTINUE(DCO)

连续标注可以迅速地标注首尾相连的连续尺寸，如图 3-59 所示。连续标注的前提是当前图形中已经用一个线性标注、坐标标注或者角度标注，每个后续标注将使用前一个标注的第二尺寸界线作为本标注的第一尺寸界线。

图 3-58　基线标注

图 3-59　连续标注

5. 半径标注

"半径"标注调用方式：

①	菜单栏	"标注" → "半径"
②	工具栏	"绘图" →
③	命令行	DIMRADIUS(DRA)

半径标注命令用于标注圆或圆弧的半径尺寸，如果用户采用系统的实际测量值，系统会自动在测量的数字前添加半径符号，如图 3-60 所示。

6. 直径标注

"直径"标注调用方式：

①	菜单栏	"标注" → "直径"
②	工具栏	"绘图" →
③	命令行	DIMDIAMETER(DDI)

直径标注命令用于标注圆或圆弧的直径尺寸，如果用户采用系统的实际测量值，系统会自动在测量的数字前添加直径符号，如图 3-61 所示。

图 3-60　半径标注

图 3-61　直径标注

7. 角度标注

"角度"标注调用方式：

①	菜单栏	"标注" → "角度"
②	工具栏	"绘图" →
③	命令行	DIMANGULAR(DAN)

角度标注命令用于标注圆、圆弧或直径等对象的角度尺寸，如图 3-62 所示。

图 3-62　角度标注

(1) 标注圆弧的包含角。

在"选择圆弧、圆、直线或<指定顶点>："的提示下选择圆弧，AutoCAD 提示：

指定标注圆弧线位置或[多行文字(M)/文字(T)/角度(A)]：

如果在该提示下直接确定标注弧线(即尺寸弧线)的位置，AutoCAD 会按实际测量值标注出圆弧的包含角。也可以通过"多行文字(M)"和"文字(T)"选项重新确定尺寸文字，通过"角度(A)"选项确定尺寸文字的旋转角度。

(2) 标注圆上某段圆弧的包含角。

执行 DIMANGULAR 命令后，如果在"选择圆弧、圆、直线或<指定顶点>："的提示下选择圆，AutoCAD 提示：

指定角的第二个端点：
指定标注弧线位置或[多行文字(M)/文字(T)/角度(A)]：

如果在此提示下直接确定标注弧线的位置，AutoCAD 标注出角度值，其中圆心为该角的顶点，尺寸界线(或延伸线)通过选择圆时的拾取点以及指定的第二点。也可以通过"多行文字(M)"和"文字(T)"选项重新确定尺寸文字，通过"角度(A)"选项确定尺寸文字的旋转角度。

(3) 标注两条不平行直线之间的夹角。

同"标注圆上某段圆弧的包含角"相似。

(4) 根据 3 个点标注角度。

执行 DIMANGULAR 命令后，如果在"选择圆弧、圆、直线或<指定顶点>："提示下直接按 Enter 键，AutoCAD 提示：

指定角的顶点：
指定角的第一个端点：
指定角的第二个端点：
指定标注弧线位置或[多行文字(M)/文字(T)/角度(A)]：

如果在此提示下直接确定标注弧线的位置，AutoCAD 根据给定的 3 点标注出角度。也可以通过"多行文字(M)"和"文字(T)"选项重新确定尺寸文字，通过"角度(A)"选项确定尺寸文字的旋转角度。

二、文字说明

AutoCAD 提供的文字输入方式有单行文字和多行文字。文字说明帮助用户方便快捷地创建建筑制图中常见的标题、说明等必要性文字。在此重点介绍平面图涉及的单行文字的命令和多行文字的启动命令，具体的多行文字使用将在后面章节详细介绍。

1. 单行文字

"单行文字"标注调用方式：

①	菜单栏	"绘图"→"文字"→"单行文字"
②	命令行	DTEXT (DT)

单行文字的操作步骤如下。

命令: _DTEXT✓	启动单行文字
当前文字样式: Standard　当前文字高度: 2.5000	给出文字默认设置
指定文字的起点或 [对正(J)/样式(S)]:	选择文字位置
指定高度: 2.5000✓	选择文字高度
指定文字的旋转角度 <0.0000>: ✓	默认为 0，按 Enter 键
〖说明〗: 按 Enter 键确认后，出现单行文字动态输入框，高度为文字高度的边框随文字的增多而展开，用户输入文字，按 Enter 键确认	完成文字输入

"对正": 用来确定标注文字的排列方式及排列方向。有以下选择项目。

输入选项 [对齐(A)/布满(F)/居中(C)/中间(M)/右对齐(R)/左上(TL)/中上(TC)/右上(TR)/左中(ML)/正中(MC)/右中(MR)/左下(BL)/中下(BC)/右下(BR)]:

"样式": 用来选择文字样式。

输入样式名或 [?]

用"单行文本"命令标注文本，可以进行换行，即执行一次命令可以连续标注多行但每换一行或用光标重新定义一个起始位置时，再输入的文本便被作为另一实体。

2.多行文字

"多行文字"标注调用方式:

①	菜单栏	"绘图"→"文字"→"多行文字"
②	工具栏	"绘图"→ A
③	命令行	MTEXT (MT)

用标注单行文本(DTEXT)命令虽然也可以标注多行文本，但换行时定位及行列对齐比较困难，且标注结束后，每行文本都是一个单独的实体，不易编辑。AutoCAD 2012 为此提供了标注多行文本(MTEXT)命令，使用多行文本(MTEXT)命令可以一次标注多行文本，并且各行文本都以指定宽度排列对齐，共同作为一个实体。多行文字中的格式命令能够选择多种文字样式和选择命令，丰富了文字编辑功能，这一命令在注写设计说明中非常有用。

三、图形标注

1. 标注样式设置

(1) 第一步"创建新标注样式"，如图 3-63 所示。

(2) 新建标注样式为"平面图"，单击"继续"按钮，弹出"新建标注样式"对话框，在"线"选项卡中，设置基线间距为 10，超出尺寸界线距离为 2，起点偏移量为 2，选中"固定长度的尺寸界线"复选框，设置长度为 4，如图 3-64 所示。

图 3-63　创建新标注样式

图 3-64　"线"选项卡

(3) 切换到"符号和箭头"选项卡，选择第一、第二箭头为"建筑标记"，箭头大小为 1.5，设置折弯角度为 45°，如图 3-65 所示。

(4) 切换到"文字"选项卡，单击"文字样式"下拉列表框后面的按钮，弹出"文字样式"对话框，单击"新建"按钮，创建"门窗标注"文字样式，设置如图 3-66 所示。

(5) 单击"应用"按钮，回到"文字"选项卡，在下拉列表框中选择"标注文字"文字样式，文字高度在文字样式中设置为 300，从尺寸线偏移尺寸为 1，设置如图 3-67 所示。

(6) 切换到"调整"选项卡，在"标注特性比例"选项组中选中"使用全局比例"单选按钮，然后输入 100，这样就会把标注的特征放大 100 倍，如原来字高 2.5，放大后高 250，按 1∶100 输出后，字体高度仍然为 2.5mm。其他设置如图 3-68 所示。

图 3-65　"符号和箭头"选项卡

图 3-66　"文字样式"选项卡

图 3-67　"文字"选项卡

图 3-68　"调整"选项卡

(7) 切换到"主单位"选项卡，设置标注的单位格式为小数，精度为 0，测量单位的比例因子为 1，其他设置如图 3-69 所示。

图 3-69　"主单位"选项卡

(8) "换算单位"和"公差"选项卡的选项一般不会变动，所以设置好前面的数据后单击"确定"按钮，回到"标注样式管理器"对话框，平面图标注样式创建完成。

(9) 选择"文件"→"另存为"命令，弹出"图形另存为"对话框，如图 3-70 所示，在"文件类型"下拉列表框中选择"AutoCAD 图形样板"选项，输入文件名后单击"保存"按钮，系统自动将文件夹保存到当前安装文件下 Local \Application Data\Autodest\AutoCAD 2012\R18.2\chs\Template。

通过以上步骤的详解，样板图便创建完成，后面的项目都将在本样板图中创建。

图 3-70　"图形另存为"对话框

2. 标注图形

平面图的尺寸标注主要运用"线性标注"和"连续标注"。然后绘制轴线编号。具体步骤如下。

(1) 将"标注"图层置为当前，打开标注工具栏，选择先前设置好的标注样式，使用"线性标注"和"连续标注"命令，进行尺寸标注。为了图形美观，可以使用构造线作为辅助线，然后标注后删除，如图 3-71 所示。

图 3-71　尺寸标注

(2) 绘制轴线编号。执行"圆"命令在绘图区域内任意拾取一点为圆心绘制半径为 400 的圆，然后输入横向数字编号和纵向字母编号，横向为从左到右顺序为 1、2、3、4⋯纵向从下往上顺序为 A、B、C、D⋯，文字的高度为 500，如图 3-72 所示。

图 3-72　轴线编号

图形较复杂、轴线编号比较多时，也可以用块来定义轴线编号，编辑属性定义也能完成绘制，如图 3-73 所示。

图 3-73　文字标注最终完成

任务六　绘制图框和标题栏

　　为了提高作图速度，将上一个项目的 A3 图框线导入，将其进行大小和位置的设置。引用图框，方式可以是直接打开文件复制，也可以直接用"插入块"的方式将整个文件导入。插入块的具体方式为单击左侧工具栏 图标，出现块的"插入"对话框，如图 3-74 所示。

　　然后单击"浏览"按钮，弹出"选择图形文件"对话框，找到 A3 图框线文件，单击"打开"按钮，这样就导入了此文件，放置到合适的位置，完成平面图的绘制。整体如图 3-75 所示。

图 3-74　块"插入"对话框

图 3-75　住宅首层平面图整体效果

项目总结

　　本项目主要介绍了建筑平面图的内容和画图步骤,结合一个普通四层住宅楼平面图(地下层平面图、一层平面图、标准层平面图)的实例,向读者具体介绍了如何使用 AutoCAD 2012 绘制一幅完整的建筑平面图,通过本项目的学习,读者应当对建筑平面图的设计过程和绘制方法有了一个大概的了解,并能够熟练运用前面章节中所述命令,完成相应的操作。

　　绘制更为复杂的图形时,合理的绘图顺序相当重要,绘图时不能急躁,不能只求速度跳过某一步骤而直接进入下一步骤,否则很容易造成图纸混乱。建筑平面图是建筑设计过程中的一个基本组成部分,通过本项目内容,为后面项目的学习打下很好的基础。在下一个项目中,将以建筑平面图为基础,向读者介绍如何绘制建筑立面图。

课后拓展

练习 1

练习 2

练习 3

练习 4

练习 5

项目四　绘制建筑立面图

建筑立面图是平行于建筑物各方向外墙面的正投影图。本项目主要介绍建筑立面图的基本知识，结合实例介绍利用 AutoCAD 2012 绘制完整的建筑立面图的主要方法和步骤。建筑立面图是建筑设计中的一个重要组成部分，通过本章的学习，应该可以了解建筑立面图与建筑平面图的区别，并能够独立完成建筑立面图的绘制，如图 4-1 所示。

图 4-1　立面图

项目要点

如图 4-1 所示，此图为①～⑨轴立面图。该图的特点是以中间⑤轴为对称线两边对称，所以可以先绘制①～⑤轴内容，再以⑤轴为对称线镜像出⑤～⑨轴中的内容。图中有窗、阳台和空调室外机平台，有装饰材料文字说明、定位标高和尺寸。因此，可以先绘制轴线，然后每一种窗绘制一个，其余按规律经矩形阵列完成。标高可以定义属性块，插入时更改标记可快速完成标高的标注，相同的尺寸标注可以使用阵列完成。本项目涉及的新知识点有"点"、"构造线"、"拉伸"、"打断"、"阵列"、"图块使用技术"。

任务一　确定绘图内容及流程

一、识图

1. 建筑立面图的形成和作用

建筑立面图是建筑物在与建筑物立面平行的投影面上投影所得的正投影图。

建筑立面图主要用来表达建筑物的外部造型、门窗位置及形式、墙面装饰材料、阳台、雨篷等部分的材料和做法。建筑立面图是建筑施工中控制高度和外墙装饰效果的技术依据。

2. 建筑立面图的命名

在建筑施工图中，立面图的命名一般有三种方式，如图 4-2 所示。

(1) 以建筑物墙面的特征命名：通常把建筑物主要出入口所在墙面的立面图称为正立面图，其余几个立面相应地称为背立面图、侧立面图。

(2) 以建筑物的朝向来命名：如东立面图、西立面图、南立面图、北立面图。

(3) 以建筑两端定位轴线编号命名：如①～⑦立面图，Ⓕ～Ⓐ立面图。

国家标准规定，有定位轴线的建筑物，宜根据两端轴线编号标注立面图的名称。

图 4-2　立面图命名示意图

3. 建筑立面图的绘制内容及要求

(1) 图名、比例。建筑立面图的比例应和平面图相同。根据国家标准《建筑制图标准》规定：立面图常用的有 1∶50、1∶100 和 1∶200。

(2) 建筑物立面的外轮廓线形状、大小。

(3) 建筑立面图定位轴线的编号。在建筑立面图中，一般只绘制两端的轴线，且编号应与平面图中的相对应，确定立面图的观看方向。定位轴线是平面图与立面图间联系的桥梁。

(4) 建筑物立面造型。

(5) 外墙上建筑构配件，如门窗、阳台、雨水管等的位置和尺寸。

(6) 外墙面的装饰。外墙表面分格线应表示清楚，用文字说明各部位所用面材及色彩。外墙的色彩和材质决定建筑立面的效果，因此一定要进行标注。

(7) 立面标高。在建筑立面图中，高度方向的尺寸主要使用标高的形式标注，主要包括建筑物室内外地坪、各楼层地面、窗台、阳台底部、女儿墙等各部位的标高。通常，立面图中的标高尺寸应注明在立面图的轮廓线以外，分两侧就近注写。注写时要上、下对齐，并尽量位于同一铅垂线上。但对于一些位于建筑物中部的结构，为了表达更清楚起见，在不影响图面清晰的前提下，也可就近标注在轮廓线以内。

(8) 详图索引符号。建筑物的细部构造和具体做法常用较大比例的详图来反映，并用文字和符号加以说明，所以凡是需绘制详图的部位，都应该标上详图的索引符号，具体要求与建筑平面图相同。

二、绘图流程

(1) 绘制地平线、定位轴线、各层的楼面线(这些线其实不可见，只是为了以后绘制门窗洞口时有个参考的标准)、建筑外墙轮廓等。

(2) 绘制立面门窗洞口、阳台、楼梯间，墙身及暴露在外墙外面的柱等可见的轮廓一并画出。

(3) 绘出门窗、雨水管、外墙分割线等立面细部。

(4) 标注尺寸及标高，绘制索引符号及书写必要的文字说明等内容。

(5) 插入图框，完成全图。

任务二　立面图中主要建筑构(配)件的绘制

一、新知识点

1.点

1) "点"的调用方式

①	菜单栏	"绘图"→"点"
②	工具栏	"绘图"→
③	命令行	POINT(PO)

2）设定点的大小与样式

在利用 AutoCAD 绘制图形时，经常需要绘制一些辅助点来准确定位，在完成图形后再删除它们。下面来介绍"点"的绘制方法。AutoCAD 既可以绘制单独的点，也可以绘制等分点和等距点，在创建点之前要设置点的样式和大小，然后再绘制点。

选择"格式"→"点样式"命令，弹出如图 4-3 所示"点样式"对话框，在该对话框中可以完成点的样式和大小的设置。

图 4-3　"点样式"对话框

> 提示：一个图形文件中，点的样式是一致的，一旦更改了一个点的样式，除了被锁住或者冻结新的图层上的点外，其余所有点都会发生变化，但是将该图层解锁或者解冻后，点的样式和其他图层一样都将发生变化。

3）绘制单点或多点

在"绘图"→"点"→"单点"或者"多点"命令(区别在于一次命令能够输入一个点或者多个点)，即可在指定的位置单击鼠标创建对象，或者输入点的坐标绘制多个点，具体的坐标输入方法即为之前介绍的三种坐标输入方法。

4）绘制定数等分点

AutoCAD 提供了"等分"命令，可以将已有图形按照一定的要求等分。

(1) 绘制定数等分点，就是将点或者块沿着对象的长度或周长等间隔排列。

选择"绘图"→"点"→"定数等分"命令或输入"DIVIDE"命令后，在系统提示下选择要等分的对象，并输入等分的线段数目，便可以在图形对象上绘制定数等分点。可以绘制定数等分点的对象包括圆、圆弧、椭圆、椭圆弧和样条曲线。具体操作过程参见立面图窗户的绘制。

(2) 绘制定距等分点，就是按照一定的间距绘制点。

在"绘图"菜单中选择"点"→"定距等分"命令或者输入"MEASURE"命令，在系统的提示下输入点的间距，即可绘制出该图形上的定距等分点。命令行提示如下。

命令: measure↙	启动"定距等分"功能
选择要定距等分的对象:	选择对象
指定线段长度或 [块(B)]:　指定第二点	可输入数值，也可用两端点示意长度

2. 构造线

1) "构造线"调用方式

①	菜单栏	"绘图"→"构造线"
②	工具栏	"绘图"→ ◢
③	命令行	XLINE(XL)

2) 命令说明

(1) 构造线仅用作绘图辅助线，最好将其集中绘制在某一图层上，将来输出图形时可以将该图层关闭，这样辅助线就不会被打印输出。

(2) 构造线命令绘制的辅助线可以用修剪、旋转等编辑命令进行编辑。

注意： 用修剪命令进行修剪时，仅修剪构造线的一边，该对象变为射线；修剪两端才能将构造线变为直线。

3. 拉伸

1) "拉伸"调用方式

①	菜单栏	"修改"→"拉伸"
②	工具栏	"修改"→ ▣
③	命令行	STRETCH(ST)

2) 命令说明

"拉伸"命令可以拉伸对象中选定的部分，没有选定的部分保持不变。在使用"拉伸"命令时，图形选择窗口外的部分不会有任何改变；图形选择窗口内的部分会随图形选择窗口的移动而移动，但也不会有形状的改变，只有与图形选择窗口相交的部分会被拉伸。所以使用"拉伸"命令时，若所选图形对象全部在交叉框内，则移动图形对象，等同于"移动"命令。具体操作方法参见立面图窗户绘制过程。

注意： 能被拉伸的图形对象有线段、弧、多段线和轨迹线、实体和三维曲面，而文本、块和圆不能被拉伸。宽线、圆环、二维填充实体等可对各个点进行拉伸，其拉伸结果可改变这些形体的形状。

技巧： 当绘制完的图形发现尺寸有误时可以考虑使用"拉伸"命令对整个图形进行修改。

4. 打断

1) "打断"调用方式

①	菜单栏	"修改"→"打断"
②	工具栏	"修改"→ 🗂
③	命令行	BERAK(BR)

2) 命令说明

"打断"命令用于打断所选的对象，即将所选的对象分成两部分，或删除对象上的某一部分，该命令作用于直线、射线、圆弧、椭圆弧、二维或三维多段线和构造线等。

"打断"命令将会删除对象上位于第一点和第二点之间的部分。第一点是选取该对象时的拾取点或用户重新指定的点，第二点即为选定的点。如果选定的第二点不在对象上，系统将选择对象上离该点最近的一个点。将圆和圆弧进行断开操作时，一定要按逆时针方向进行操作，即第二点应相对于第一点的逆时针方向，否则可能会把不该剪掉的部分剪掉，如图 4-4 所示。

图 4-4　"打断点"选择示意图

单击🗂按钮，命令行提示如下。

命令: break↙ 选择对象:	启动"断开"命令
指定第二个打断点或[第一点(F)]:	选择需要打断的对象
指定第一个打断点：P1	点取 P1 点
指定第二个打断点：P2	点取 P2 点

5. 阵列

尽管"复制"命令可以一次复制多个图形，但要复制呈规则分布的图形目标仍不是特别方便。AutoCAD 提供了图形阵列功能，以便用户快速、准确地复制呈规则分布的图形。

"阵列"作用是在进行工程制图时，可快速、准确地绘制呈规则分布的图形。

"阵列"调用方式如下。

①	菜单栏	"修改"→"阵列"
②	工具栏	"修改"→ ⊞
③	命令行	ARRAY(AR)

从菜单栏选择"修改"→"阵列"命令，出现如图 4-5 所示的"矩形阵列"(arrayrect)、"路径阵列"(arraypath)和"环形阵列"(arraypolar)三种方式，下面分别介绍绘制建筑图常用的矩形和环形两种阵列方式。

1) 矩形阵列(Rectangular Array)

从工具栏中选择"阵列"工具，默认的选项就是"矩形阵列"，如图4-6所示。

图 4-5 菜单栏的"阵列"选项　　　　图 4-6 工具栏中的"阵列"

单击之后将出现以下提示。

命令: arrayrect↙	启动"矩形阵列"工具
选择对象:	使用对象选择方法
指定项目数的对角点或 [基点(B)/角度(A)/计数(C)] <计数>:	输入选项或按 Enter 键
按回车键接受或 [关联(AS)/基点(B)/行数(R)/列数(C)/层级(L)/退出(X)] <退出>:	按 Enter 键或选择选项

注: 行间距、列间距、阵列角度有正、负之分。行间距为正值时，向上复制阵列；为负值时，向下复制阵列。列间距为正值时，向右复制阵列；为负值时，向左复制阵列。阵列角度为正值时，向上旋转复制阵列；为负时，向下旋转复制阵列。

2) 环形阵列(Polar Array)

在"阵列"对话框中选择环形阵列选项后，出现环形阵列下的阵列对话框。

命令: arraypolar↙	启动"环形阵列"工具
选择对象: 类型 = 极轴　关联 = 是	使用对象选择方法
指定阵列的中心点或 [基点(B)/旋转轴(A)]	选择中心点
输入项目数或 [项目间角度(A)/表达式(E)] <2>:	输入复制的数目或选择选项
指定填充角度(+=逆时针、-=顺时针)或 [表达式(EX)] <360>:	制定环形角度
按 Enter 键接受或 [关联(AS)/基点(B)/项目(I)/项目间角度(A)/填充角度(F)/行(ROW)/层(L)/旋转项目(ROT)/退出(X)]	按回车键或选择选项

"环形阵列"对话框相关选项含义如下。

"中心点"：选择的对象进行环形阵列复制的中心。可在文本框中分别输入中心点在绘图界面上的绝对坐标(X,Y)，也可单击文本框右边的按钮，回到绘图界面，在绘图界面上直接单击鼠标左键选择相应特征点。

"项目数"：环形阵列复制的个数。在右边的文本框中输入具体数据即可。

"填充角度"：环形阵列复制对象时，对象、复制品、中心点形成的扇形的具体角度，可通过右边的文本框输入，也可单击文本框右边的按钮回到绘图界面，在绘图界面上依据命令行提示，以选定的中心点为起点，选择终点，形成有向线段的角度直接确定。

"项目间角度"：对象、对象的复制品相邻两两间的关于中心点形成的扇形角度。确定方式同"填充角度"选项。

> 注：环形阵列时，输入的角度为正值，沿逆时针方向旋转；反之，沿顺时针方向旋转。环形阵列的复制份数也包括原始形体在内。

如图 4-7 所示为通过环形阵列绘出的图形。

图 4-7 环形阵列

二、窗体

窗体是立面图上用得最多的元素之一，在建筑立面图中，窗户反映了建筑物的采光状况。在绘制窗户之前，应观察该立面图上共有多少种窗户。

在此先详细介绍本项目中几种窗的绘制方法，然后介绍其他几种常见窗的样式。

1．本立面图中窗体绘制方法

从建筑物立面图上可以看出，这栋建筑物有两种固定式窗(见图 4-8(a)、(b))，分别可以用矩形和偏移命令绘制，由于两种窗体的样式相同、高度相同，仅宽度不同，绘制窗户时可以利用原有的工作进行修改，不必每种都重新绘制。另外，此图中的窗户布置有规律，不易混淆，所以窗户和窗洞可以一起绘制出来。

(1) 窗体尺寸与样式如图 4-8 所示。

图 4-8 窗体尺寸示意图

(2) 绘图步骤：以图 4-8(a)图(2100mm×1500mm 窗户)为例。

第一步：选择门窗作为当前层，如图 4-9 所示。

图 4-9　"门窗"为当前层

第二步：绘制一个长 1800mm、宽 1800mm 的矩形(或者直接使用多边形工具绘制)，作为窗框。

命令: rectang↙	启动"矩形"工具
指定第一个角点或[倒角(C)/标高(E)/圆角(F)/厚度(T)/宽度(W)]:	绘图区内选择任意点
指定另一个角点或[面积(A)/尺寸(D)/旋转(R)]: @1800,1800	使用相对坐标，坐标之前不要忘记加"@"

第三步：利用点的定数等分辅助完成窗扇的绘制。

首先利用"分解"工具 将内框矩形分解为直线；然后将内框的水平方向和竖直方向分别三等分，具体步骤如下。

选择"格式"→"点样式"命令，弹出"点样式"对话框，选择一个合适样式(只要在图中可显示出即可)，如 。

选择"绘图"菜单中的"点"→"定数等分"命令。

将窗框的水平线三等分，命令行提示如下。

命令: divide↙	启动点的定数等分功能
选择要定数等分的对象:	选择窗框水平线
输入线段数目或 [块(B)]: 3	输入总的线段数

窗框的竖直线三等分与水平线的三等分基本相同，只是在选择定数等分的对象时有所区别，在此不再详细复述。完成后如图 4-10 所示。

图 4-10　定数等分之后

将"对象捕捉"选项卡中的"节点"和"垂足"复选框选中，如图 4-11 所示。

然后利用对象捕捉直接使用"直线"工具绘制出窗框线，如图 4-12 所示。

按照样图绘制完所有直线后，将所有"点标记"删除，然后根据工程图的规范要求将窗洞加粗，利用特性工具栏将选择对象的线宽设置为 0.3mm，如图 4-13 所示。

图 4-11　"对象捕捉"选项卡

图 4-12　窗框线绘制过程

图 4-13　利用特性工具栏设置外框线宽

利用"直线"绘制出窗户的开启方式，完成如图 4-14(a)所示的窗户样式。

提示：如果想显示加粗后的效果需要打开状态辅助栏中的 ⊞ 显示/隐藏线宽 按钮。

图 4-14(b)中窗体的绘制可以参考图 4-14(a)的绘制方法，也可以利用已绘制好的图 14(a)进行修改完成，下面以图 4-14(b)所示窗体为例，介绍利用已完成的图 4-14(a)修改完成的绘制方法。

通过观察得知图 4-14(b)和(a)所示窗体的基本样式是相反的，高度都是 1800，宽度上有差别，根据这个特点可以先利用"镜像"复制出窗体，再使用"拉伸"工具辅助完成绘图。

首先，选择"镜像"工具。

命令: mirror↙	启动"镜像"工具
以交叉窗口或交叉多边形选择要镜像的对象 选择对象: 指定对角点: 找到 6 个	注意利用"交叉窗口"选择
指定镜像线的第一点: 指定镜像线的第二点:	如图 4-15 所示指定镜像线位置
要删除源对象吗？[是(Y)/否(N)] <N>:	按 Enter 键确认得到图 4-14

图 4-14 镜像之后窗体   图 4-15   镜像复制窗体

选择拉伸工具将其宽度 1800mm 修改成 1600mm，高度 1800mm 不变，命令行提示如下。

命令: stretch↙	启动"拉伸"工具
以交叉窗口或交叉多边形选择要拉伸的对象... 选择对象: 指定对角点: 找到 2 个	注意利用"交叉窗口"选择，如图 4-16(a)所示
指定基点或 [位移(D)] <位移>:	如图 4-16(b)所示指定
指定第二个点或 <使用第一个点作为位移>: 200	向光标左侧水平移动，如图 4-16(c)所示

图 4-16   拉伸绘制过程

此时，只需再利用点的定数等分功能就可完成图 4-14(b)所示窗体的绘制，详细过程参考图 4-14(a)所示窗体的窗线绘制过程，在此不再详细复述。

2．其他几种常用窗体样式(见图 4-17)

(1) 单层固定窗：反复利用"矩形"和"偏移"命令即可完成，如图 4-17(a)所示。

(2) 单层外开平开窗：在单层固定窗的基础上利用对象捕捉(中点)辅助"直线"命令即可完成绘制，如图 4-17(b)所示。

(3) 左右推拉窗：其中的箭头可用"多段线"命令绘制，如图 4-17(c)所示。

(4) 百叶窗：可以使用"直线"和"偏移"命令，也可使用"阵列"命令，方法较多，如图 4-17(d)所示。

(a) 单层固定窗　　　　　(b) 单层外开平开窗

(c) 左右推拉窗　　　　　(d) 百叶窗

图 4-17　常用窗体样式

在此虽然只是简单的几种样式，但是其他各种窗体与这几种窗体的差别大多只是直线的位置和样式不同，大同小异，所以尽可参照绘制。

三、阳台

本立面图中的开放式阳台样式及尺寸如图 4-18 所示。

1．阳台中窗户的绘制方法

参照图 4-14(a)所示中窗户的绘制方法，利用"直线"和"点"的定数等分绘制窗框线，并利用"直线"命令绘制出如图 4-14 所示的窗户开启方向，完成阳台中窗户的绘制，如图 4-19 所示。

图 4-18　开放式阳台

图 4-19　阳台中窗户

注意：需要利用特性将此窗框线的线宽设置为 0.3mm。

2．阳台栏杆的绘制方法

1）绘制栏杆轮廓线

首先绘制尺寸分别为 3700mm×1100mm 的矩形，利用"偏移"命令将矩形中的"a"线向下偏移 100 得到如图 4-20 所示图形。

命令: offset✓	启动"偏移"工具
当前设置: 删除源=否　图层=源　OFFSETGAPTYPE=0	
指定偏移距离或 [通过(T)/删除(E)/图层(L)] < >: 100	输入值"100"，按 Enter 键
选择要偏移的对象，或 [退出(E)/放弃(U)] <退出>:	点选图中"a"线
指定要偏移的那一侧上的点，或 [退出(E)/多个(M)/放弃(U)] <退出>:	指定"a"线下侧
选择要偏移的对象，或 [退出(E)/放弃(U)] <退出>:	按 Enter 键确认完成绘制

图 4-20　栏杆轮廓线

2）绘制栏杆

使用"阵列"工具或者"填充"工具都可以完成栏杆的绘制，在此以用"阵列"工具为例介绍具体绘制步骤。

命令: arrayrect✓	启动"矩阵"工具
选择对象: 找到 1 个	点选直线如图 4-21(a)所示
选择对象:	按 Enter 键完成对象选择
类型 = 矩形　关联 = 是	按 Enter 键，显示如图 4-21(b)所示
为项目数指定对角点或 [基点(B)/角度(A)/计数(C)] <计数>: 40	输入数值"40"后按 Enter 键
指定对角点以间隔项目或 [间距(S)] <间距>:	单击图 4-21(c)所示"中点"位置，即出现图 4-21(d)所示样式
按 Enter 键接受或 [关联(AS)/基点(B)/行(R)/列(C)/层(L)/退出(X)] <退出>:	按 Enter 键接受，完成阳台栏杆绘制，如图 4-21(e)所示

图 4-21　阳台栏杆绘制过程

3. 阳台底部装饰的绘制方法

使用"直线"工具按照图 4-19 所示先绘制出尺寸为 3980×600 的矩形，然后使用"偏移"工具将矩形中上、下两条线分别向矩形内部方向偏移 100，如图 4-22 所示。

图 4-22　阳台底部装饰绘制过程

最后将绘制好的窗户、阳台栏杆和底部装饰组合在一起，即可完成开放式阳台的绘制，如图 4-23 所示。

图 4-23　开放式阳台

任务三　建立绘图环境

在开始绘制建筑立面图前，首先对绘图环境进行相应设置，做好绘图前的准备。

一、新建文件

启动 AutoCAD2012，选择"文件"→"新建"命令或单击图标，将新文件保存为"建筑立面图"。

二、设置图形界限

(1) 选择"格式"→"图形界限"命令或输入"limits"，命令行提示如下。

命令: limits↙ 重新设置模型空间界限:	启动"图形界限"设置工具
指定左下角点或 [开(ON)/关(OFF)] <0.0000,0.0000>:	此处可以直接按 Enter 键
指定右上角点 <420.0000,297.0000>: 42000,29700 ↙	因建筑立面图的绘制比例为 1∶100，图形放在 A3 图幅内，所以将图形界限放大 100 倍，输入"42000，29700"

(2) 显示图纸大小。

方法 1：在命令行输入"Z"，并按下 Enter 键，在系统提示下输入"A"，命令行提示如下。

命令: ZOOM✓	启动"缩放"工具
指定窗口的角点，输入比例因子 (nX 或 nXP)，或者 [全部(A)/中心(C)/动态(D)/范围(E)/上一个(P)/比例(S)/窗口(W)/对象(O)] <实时>: A	选择"全部"
正在重生成模型	

方法 2：选择"视图"→"缩放"→"全部"命令，如图 4-24 所示。

图 4-24　视图菜单

> 提示：此项操作目的是让所设置的图形界限全部显示在当前的绘图区内。千万不要忽视这一步骤，这样才可以使自己设置的图形界限最大显示在整个桌面上。

三、设置图层

在命令行输入"La"并按 Enter 键或者单击按钮，打开"图层特性管理器"对话框。绘制建筑立面图所需设置图层，如图 4-25 所示。

图 4-25　"图层特性管理器"对话框

提示：图层的设置要根据所绘制图形的特点设置，可以在绘图之前全部设置好，也可以在绘图过程中逐步设置，但建议在绘图之前设置，这样使绘图前对所绘制的图形有所认识与了解，通过设置也对绘图的过程有了大致思路，有利于提高绘图速度。

任务四 绘 制 图 形

一、绘制辅助网格

在多数立面图上，都是规整的图形元素的排列，所以绘制出辅助网格对于以后绘图时定位非常有利。

1．选取辅助线为当前图层

选择当前层后图层工具栏显示如图 4-26 所示。

图 4-26 "辅助线与轴线"为当前层

2．绘制基础网格

在图上绘制纵向①～⑤轴和层间水平线作为基础网格线，同时作为绘制整个辅助网格的基础。通常使用"直线"和"偏移"命令绘制，首先绘制基准线如图 4-27 所示，提示如下。

命令:line✓ 指定第一点:	启动"直线"工具
指定下一点或[放弃(U)]:27000	打开正交，光标放到起点的右侧，输入线段长度
指定下一点或[放弃(U)]:	按 Enter 键，完成水平基线绘制，将此线作为室外地坪线
命令:_line 指定第一点:	利用对象追踪水平线起点右侧一点
指定下一点或[放弃(U)]: 15100	输入立面图左侧垂直轮廓线的长度
指定下一点或[放弃(U)]:	按 Enter 键，完成垂直基准线绘制，将此线作为①轴

图 4-27 基准线

然后使用"偏移"绘制出其他水平轴线。

命令: offset↙	启动"偏移"工具
当前设置: 删除源=否　图层=源　　OFFSETGAPTYPE=0	默认设置
指定偏移距离或[通过(T)/删除(E)/图层(L)]<通过>:　1000	输入偏移距离 1000
选择要偏移的对象,或[退出(E)/放弃(U)]<退出>:	选中水平基线
指定要偏移的那一侧上的点,或[退出(E)/多个(M)/放弃(U)]<退出>:	选中水平基线上方
指定要偏移的那一侧上的点,或[退出(E)/多个(M)/放弃(U)]<退出>:	直接按 Enter 键退出

这样,就又得到一条水平线,即室内地坪线(±0.000),重复这样的步骤,只是每次注意修改偏移距离,即可得到全部的水平线。从室内地坪线开始依次往上绘制每条水平线时输入的偏移距离分别为 2900,2900,2900,2900, 1500,1000。

继续使用"偏移"绘制出纵轴线。

命令:offset↙	启动"偏移"工具
当前设置: 删除源=否　图层=源　　OFFSETGAPTYPE=0	默认设置
指定偏移距离或[通过(T)/删除(E)/图层(L)]<通过>: 3300	输入偏移距离 3300
选择要偏移的对象,或[退出(E)/放弃(U)]<退出>:	选中①轴线
指定要偏移的那一侧上的点,或[退出(E)/多个(M)/放弃(U)]<退出>:	选中①轴右侧
指定要偏移的那一侧上的点,或[退出(E)/多个(M)/放弃(U)]<退出>:	直接按 Enter 键退出

这样,就可得到②轴,然后再利用②轴偏移 3000 即可得到③轴,最后利用③轴偏移 4400 即可得到⑤轴,如图 4-28 所示。

图 4-28　基础网格

3．绘制辅助网格

参照建筑平面图和立面图,将所有立面图上组成构件一一定位,生成辅助网格线。根据本图的特点,可以仅绘制地下室和首层的辅助网格线。

需要绘制出来的辅助线及尺寸如图 4-29 所示,基本与之前基础网格线的绘制类似,只是更复杂一些,需要从原图认真分析确定偏移距离,并及时仔细检查避免尺寸发生错误。

图 4-29　地下室与首层辅助网格线

> 注：辅助网格生成后，会成为以后作图的参考工具，但是最后出图时为了显示起来比较美观，多数会将其隐藏起来，以免造成图面的杂乱。

二、绘制外形轮廓

建筑物的外形轮廓用粗实线来绘制，具体操作步骤如下。

1. 选定当前图层为"轮廓线"

选择当前层后图层工具栏显示如图 4-30 所示。

图 4-30　"轮廓线"为当前层

设置此图层时，注意线型设置为 Continuous，线宽设置为 0.3，如图 4-31 所示。

图 4-31　"轮廓线"图层线宽的设置

2．绘制地平线与建筑轮廓线

使用"直线"绘制，本图可以先绘制出左侧的轮廓线与室外地坪线，等将左侧内容全部绘制完再用镜像复制出右侧图，如图 4-32 所示。

图 4-32　绘制好的室外地坪线与轮廓线

三、绘制窗户与阳台

本例中有五种窗户和一种阳台，其中两种窗户和阳台具体的绘制方法已经在之前的任务二构(配)件的绘制中做过详细介绍，其他三种窗户在此只做简单介绍，主要介绍把绘制好的窗户与阳台安装在立面图上的具体步骤。

1．确定各种窗户与阳台的位置

打开辅助网格，可以发现这些水平线、垂直线交织的网线已经提供了现成的窗洞，只需要根据视图确定好每种窗户与阳台的位置即可。

2．安装首层窗户与阳台

根据确定的位置安装之前已经绘制完成的窗户与阳台(见图 4-33)，每种窗户与阳台在立面图中都不止一个，安装时不必单个安装，只需通过观察找出规律，有选择性地安装，本例图中可以考虑安装首层的窗户与阳台，如图 4-34 所示。

图 4-33　图中首层窗户与阳台样式

图 4-34　首层安装窗户与阳台示意图

3．完成其他窗户与阳台的安装

此时关掉图层 ▼有利于选择对象。

命令: arrayrect↙	矩形阵列
选择对象: 指定对角点: 找到 59 个	如图 4-35 所示从左向右选择对象
选择对象:	按 Enter 键完成选择
类型 = 矩形　关联 = 是	按 Enter 键
为项目数指定对角点或 [基点(B)/角度(A)/计数(C)] <计数>: c	选择 "计数" 方式，输入 "c"
输入行数或 [表达式(E)] <4>: 4	"行数" 包括被阵列的对象，共 4 行
输入列数或 [表达式(E)] <4>: 1	"列数" 包括被阵列的对象，共 1 列
指定对角点以间隔项目或 [间距(S)] <间距>: s	根据本图的数据选择输入 "间距"
指定行之间的距离或 [表达式(E)] <3600>: 2900	本图中的层间距为 2900
按 Enter 键接受或 [关联(AS)/基点(B)/行(R)/列(C)/层(L)/退出(X)] <退出>:	按 Enter 键接受显示，如图 4-36 所示，如需要修改 "行数"、"列数" 或者 "图层" 可在此处修改

图 4-35　"阵列" 的对象

图 4-36 完成阵列绘制

完成阵列之后可以打开图层 辅助线与轴线 检查结果。

4. 绘制地下室窗户

在此建筑立面图中显示有半地下室的窗户，与绘制其他层窗户方法类似，在绘制之前，应观察该半地下室的窗户共有多少种。对于本立面图，可以利用其他层的窗户进行修改所得。具体绘制步骤如下。

(1) 选定当前层为"窗框线"，如图 4-37 所示。

图 4-37 "窗框线"为当前层

(2) 窗户尺寸与样式如图 4-38 所示。

图 4-38 地下室窗户样式

通过比较，三种样式的窗户和图 4-8(a)、(b)所示窗，还有图 4-19 所示阳台窗户样式和尺寸稍有不同，这种情况就可以考虑使用修改工具完成绘制，以如图 4-39 所示窗修改为"d"窗为例进行介绍。

图 4-39　"a" 窗修改为 "d" 窗

选择"修剪"工具，将图 4-39(a)窗修剪为图 4-39(b)所示窗的样式，如图 4-40 所示。

图 4-40　样式修改过程

具体步骤如下。

命令: trim✓ 当前设置:投影=UCS，边=无	启动"修剪"工具
选择剪切边...	单击边界线，如图 4-40 所示
选择对象或 <全部选择>:　找到 1 个	按 Enter 键确认
选择对象: 选择要修剪的对象，或按住 Shift 键选择要延伸的对象，或[栏选(F)/窗交(C)/投影(P)/边(E)/删除(R)/放弃(U)]:　指定对角点	使用交叉窗口选择如图 4-40 所示，然后按 Enter 键完成修剪

选择"拉伸"工具，将图 4-40 所示样式修改为正确尺寸。

命令: _stretch 以交叉窗口或交叉多边形选择要拉伸的对象...	启动"拉伸"工具
选择对象: 指定对角点: 找到 5 个	利用交叉窗口选择对象，如图 4-41 所示
指定基点或 [位移(D)] <位移>:	如图 4-41 所示选择端点
指定第二个点或 <使用第一个点作为位移>:800	光标放置在端点上方，输入数值 800，按 Enter 键得到如图 4-41 所示

图 4-41　尺寸修改过程

最后利用夹点将窗的开启方向线修正，完成如图 4-42 所示的"d"窗。

图 4-42 夹点修正过程

可用类似方法完成"e"、"f"窗的绘制，这里不再复述。

5. 安装地下室窗户及其他

使用"移动"或者"复制"完成地下室窗户及其他构(配)件的安装，如图 4-43 所示。

图 4-43 安装地下室窗户及其他

关掉辅助线的图层，显示如图 4-44 所示。

图 4-44 左侧成图

6. 完成全图

使用"镜像"工具完成右侧内容。

命令: mirror✓	启动"镜像"工具
选择对象: 指定对角点: 找到 38 个	选择所有标高与尺寸标注,如图 4-45 所示
指定镜像线的第一点: 指定镜像线的第二点:	选择⑤轴直线两端
要删除源对象吗? [是(Y)/否(N)] <N>:	选择不删除,效果如图 4-46 所示

图 4-45　镜像过程

图 4-46　镜像之后图

任务五 尺寸标注和文字说明

在已绘制的图形中必须添加尺寸标注和文字说明，以使整幅图形内容和大小一目了然。本任务将介绍如何在建筑立面图中添加尺寸标注和文字说明。

一、新知识点

图块使用技术：块是一个或多个连接的对象，用于创建单个对象，块可以帮助用户在同一图形或其他图形中重复使用对象。

1. 创建图块

1）内部块

"创建块"调用方式：

①	菜单栏	"绘图"→"创建块"
②	工具栏	"绘图"→
③	命令行	BLOCK

弹出如图 4-47 所示的"块定义"对话框，根据需要在各选项组中可以设置相应的参数，从而创建一个内部图块。

"名称"：下拉列表框用于输入或选择当前要创建的块名称。

"基点"选项组：用于指定块的插入基点，用户可以单击"拾取点"按钮，暂时关闭对话框以使用户能在当前图形中拾取插入基点。

"对象"选项组：用于指定新块中要包含的对象，以及创建块之后如何处理这些对象，单击"选择对象"按钮，暂时关闭对话框，允许用户到绘图区选择块对象，完成选择对象后，按 Enter 键重新显示 "块定义"对话框。

图 4-47 "块定义"对话框

"按统一比例缩放"复选框：用于指定块参照按统一比例缩放，即各方向按指定的相同比例缩放。

当选中了"在块编辑器中打开"复选框后，单击"确定"按钮，将在块编辑器中打开当前的块定义，一般用于动态块的创建和编辑。

2) 外部块

(1) 外部块的创建。

命令行输入"W"即"WBLOCK"，弹出"写块"对话框，如图 4-48 所示。

图 4-48　"写块"对话框

源项目组包括三个可选项。

"块"：选择本图中所有已做好的内部块，从旁边的下拉列表框中选择即可，如图 4-49 所示。

图 4-49　源为"块"选择下拉列表框

"整个图形"：选择本图中所有内容。

"对象"：通过单击 [选择对象(T)] 选择所要做成外部块的内容，并通过 [拾取点(K)] 选择合适插入基点，这种选择方式基本和创建内部块的方法类似。

(2) 外部块的保存。

外部块可以作为一个 .dwg 文件保存在计算机中，并可以插入到任意一张 CAD 图形中使用，这也是区别于内部块的地方，如图 4-50 所示。

图 4-50　"目标"选择

图 4-51　"外部块"保存位置对话框

(3) 创建块属性。

图块的属性是图块的一个组成部分，它是块的非图形附加信息，包含于块中的文字对象。

"属性定义"调用方式：

①	菜单栏	"绘图"→"块"→"定义属性"
②	命令行	ATTDEF

弹出如图 4-52 所示"属性定义"对话框。

图 4-52　"属性定义"对话框

"模式"选项组：用于设置属性模式。

"属性"选项组：用于设置属性数据。

"标记"文本框：用于标识图形中每次出现的属性，提示文本框用于指定在插入包含该属性定义的块时显示的提示，提醒用户指定属性值，默认文本框用于指定默认的属性值。

"插入点"选项组：用于指定图块属性的位置。

选中"在屏幕上指定"复选框，则在绘图区中指定插入点。

"文字设置"选项组：用于设置属性文字的对正、样式、高度和旋转参数值。

当属性创建完毕之后，用户可以在命令行中输入 ATTEDIT 命令对指定的块编辑属性值，命令行提示如下。

命令: attedit✓	启动"块编辑"工具
选择块参照:	要求指定需要编辑属性值的图块

在绘图区选择需要编辑属性值的图块后，弹出"编辑属性"对话框，如图 4-53 所示，可以在定义的提示信息文本框中输入新的属性值，单击"确定"按钮对属性值进行修改。

当选择了相应的图块后，选择"修改"→"对象"→"属性"→"单个"命令，如图 4-54 所示。

此时弹出如图 4-55 所示"增强属性编辑器"对话框。在"属性"选项卡中，可以在"值"文本框中修改属性的值。

图 4-53　"编辑属性"对话框

图 4-54　菜单选择

图 4-55 "增强属性编辑器"对话框

3) 动态块

通过动态块功能，可以自定义夹点或自定义特性来操作几何图形，这样可以根据需要方便地调整块参照，而不用搜索另一个块以插入或重定义现有的块。

欲成为动态块的块至少必须包含一个参数以及一个与该参数关联的动作，这个工作可以由块编辑器完成，块编辑器是专门用于创建块定义并添加动态行为的编写区域。

"块编辑器"调用方式：

①	菜单栏	"工具"→"块编辑器"
②	工具栏	"标准"→
③	命令行	BEDIT

弹出如图 4-56 所示"编辑块定义"对话框。

图 4-56 "编辑块定义"对话框

在要创建或编辑的"块"文本框中可以选择已经定义的块，也可以选择当前图形创建的新动态块，如果选择"〈当前图形〉"选项，当前图形将在块编辑器中打开。在图形中添加动态元素后，可以保存图形并将其作为动态块参照插入到另一个图形中。

单击"编辑块定义"对话框中的"确定"按钮，即可进入块编辑器，如图 4-57 所示，块编辑器由块编辑器工具栏、块编写选项板和编写区域组成。

图 4-57 块编辑器

在块编辑器中，块编辑器工具栏位于整个编辑区的正上方，提供了在块编辑器中使用与创建动态块以及设置可见性状态的工具；块编写选项板中包含用于创建动态块的工具，它包含参数、动作和参数集三个选项卡，参数选项卡用于向块编辑器中的动态块添加参数，动态块的参数包括点参数、线性参数、极轴参数、XY 参数、旋转参数、对齐参数、翻转参数、可见性参数、查询参数和基点参数。动作选项卡用于向块编辑器中的动态块添加动作，包括移动动作、缩放动作、拉伸动作、极轴拉伸动作、旋转动作、翻转动作、阵列动作和查询动作。参数集选项卡，是用于在块编辑器中向动态块定义中添加一个参数和至少一个动作的工具，是创建动态块的一种快捷方式。

4）插入块

完成块的定义后，就可以将块插入到图形中。

"插入块"调用方式：

①	菜单栏	"插入" → "块"
②	工具栏	"绘图" →
③	命令行	INSERT

弹出如图 4-58 所示"插入"对话框，在该对话框中设置相应的参数后，单击"确定"按钮，即可插入内部图块或者外部图块。

图 4-58 "插入"对话框

在"名称"组合框中选择已定义的需要插入到图形中的内部图块，或者单击"浏览"按钮，弹出"选择图形文件"对话框，找到要插入的外部图块所在的位置，单击"打开"

按钮，返回"插入"对话框进行其他参数设置。

在"插入"对话框中各选项功能如下。

"插入点"选项组：用于指定图块的插入位置，通常选中"在屏幕上指定"复选框，在绘图区以拾取点的方式配合"对象捕捉"功能指定。

"缩放比例"选项组：用于设置图块插入后的比例。

"旋转"选项组：用于设置图块插入后的角度。

"分解"复选框：用于控制插入后图块是否自动分解为基本的图元。

二、尺寸标注

立面图标注主要是为了标注建筑物的竖向高度，应该显示出各主要构件的位置和标高，如室外地坪标高、门窗洞标高以及一些局部尺寸等。在需绘制详图处，尚需添加详图符号。

立面图上一些局部尺寸与平面图的标注类似，可以用 AutoCAD 所自带的标注功能来实现，但室外地坪、门窗洞等的标高无法利用 AutoCAD 所自带的标注功能来实现，需要来创建"标高"图块。

1. 创建"标高"图块

建筑制图标准规定，标高符号应以直角等腰三角形表示，正常情况下按图 4-59(a)所示形式用细实线绘制，如标注位置不够，也可按图 4-59(b)所示形式绘制。标高符号的具体画法如图 4-59(c)、(d)所示。L 取适当长度标注标高数字，h 根据需要取适当高度。

图 4-59　标高符号

总平面图室外地坪标高符号宜用涂黑的三角形表示，如图 4-60(a)所示，具体尺寸与其他标高符号一致。标高符号的尖端应指至被注高度的位置。尖端一般应向下，也可向上。标高数字应注写在标高符号的左侧或右侧，如图 4-60(b)所示。

图 4-60　总平面室外地坪标高符号与标高的指向

标高数字应以 m 为单位，注写到小数点以后第三位或者第二位。零点标高应标注成

±0.000，正数标高不注"+"，负数标高应注"-"，如 3.000、-0.600.

下面创建本立面图中的标高图块(见图 4-61)，该标高图块可以在插入图块时输入具体标高值，还可以改变标高箭头的方向。具体操作步骤如下。

(1) 使用"多段线"命令绘制标高符号，第一点为任意点，其他点依次为(@1500,0)、(@-300，-300)和(@-300,300)，效果如图 4-62 所示。

图 4-61　零点标高　　　　　　　　　　　图 4-62　绘制标高图形

(2) 选择"格式"→"文字样式"命令，弹出"文字样式"对话框，单击"新建"按钮，创建"立面图文字"文字样式，设置字体、高度和宽度比例，如图 4-63 所示。

(3) 选择"绘图"→"块"→"定义属性"命令，弹出"属性定义"对话框，如图 4-64 所示，设置对话框的参数。

(4) 设置完成后单击"确定"按钮，命令行提示指定起点，拾取图形起点为文字插入点。效果如图 4-65 所示。

图 4-63　"文字样式"对话框

图 4-64　"标高"的"属性定义"

(5) 创建图块，建筑施工图中很多都会有标高标注，所以将"标高"创建为外部块保存，如图 4-66 所示定义图块名称为"标高"，基点为三角的下点，选择对象为图 4-65 所示内容。

(6) 单击"确定"按钮，弹出如图 4-67 所示"编辑属性"对话框，单击 "确定"按钮，完成图块的创建，效果如图 4-68 所示。

图 4-65 创建属性　　　　　　　　　　图 4-66 定义"标高"图块

图 4-67 "编辑属性"对话框　　　　图 4-68 编辑完成属性效果

(7) 选择图块后右击，在弹出的快捷菜单中选择"块编辑器"命令，弹出块编辑器，如图 4-69 所示，在块编辑器中可以对块进行编辑。

图 4-69 块编辑器

(8) 单击"对象追踪"按钮 对象追踪 ，使该按钮处于按下状态，创建投影线需要使用对象追踪。

(9) 选择"参数集"选项卡的"翻转集"选项 ，命令行提示如下。

命令：_BParameter 翻转	
指定投影线的基点或 [名称(N)/标签(L)/说明(D)/选项板(P)]：	捕捉三角下端点水平线上左边一点，使用对象追踪
指定投影线的端点：	捕捉三角下端点水平线上右边一点
指定标签位置：	指定如图 4-70 所示的标签位置
命令：_BACTIONSET	双击图上感叹号
指定动作的选择集	
选择对象：指定对角点：找到 5 个	选择所有图形对象

创建的上、下翻转的动作效果如图 4-71 所示。

图 4-70　添加上、下翻转参数

图 4-71　完成上、下翻转动作

(10) 使用同样的参数集为左、右翻转创建动作，投影线为过三角形下端点的竖直线，效果如图 4-72 所示，双击感叹符号，选择翻转对象，创建完成的效果如图 4-73 所示。

图 4-72　添加左、右翻转参数

图 4-73　完成左、右翻转

(11) 单击"保存图块定义"按钮 ，保存动态块，单击"关闭编辑器"按钮关闭块编辑器，完成"标高"图块的创建。

2. 局部尺寸标注

这部分利用 AutoCAD 所自带的标注功能来实现，具体步骤如下。

(1) 将当前层设为"标注"层，在标准工具栏中右击，在弹出的快捷菜单中选择"标注"命令，从而打开"标注"工具栏，如图 4-74 所示，在"标注样式"下拉列表框中选择样式，本节采用之前在平面图中所设置的样式进行标注。

图 4-74　"标注"工具栏

(2) 使用"线性标注"和"连续标注"命令，创建尺寸标注，效果如图 4-75 所示。

图 4-75　添加尺寸标注

(3) 绘制轴线标号。绘制一个半径 400 的圆，在"绘图"菜单中选择"单行文字"选项，选择"立面图文字"为文字样式，输入单行文字"1"，高度"400"，并将其移动放置到圆的中心，如①，选择"复制"命令复制此轴标，以捕捉上象限点为复制基点，如图 4-76 所示，以图 4-77 中所示轴线下端为复制的指定第二点，依次复制到三个轴线下端。

图 4-76　选取上象限点　　　　　　　　图 4-77　选取轴线下端点

在中间轴标处双击中心数字"1"，改成相应轴线编号"9"，绘制完轴标的效果如图 4-78 所示。

图 4-78　轴标

3．创建立面图标高

利用创建好的"标高"图块来创建立面图的标高，具体步骤如下。

(1) 切换到"辅助线"图层，选择"构造线"命令，过屋顶、窗户线等几个主要高度绘制水平构造线，并绘制一条垂直构造线作为标高插入点，效果如图 4-79 所示。

(2) 选择"插入"→"图块"命令插入"标高"图块，插入点为捕捉已绘制的垂直构造线与地平线的交点，标高采用默认值，插入完毕后将辅助线删除，效果如图 4-80 所示。

图 4-79　绘制辅助线　　　　　　　图 4-80　完成标高标注的①～⑩轴立面图

三、文字说明

建筑立面应标注出图名和比例，还应标注出外墙做法、详图索引等其他必要的文字说明。可以使用"直线"和"文字"加以注释，也可以使用标注中的"多重引线"，在此主要使用标注的方法，介绍具体步骤如下。

(1) 将当前图层设为"装饰文字"层，如图 4-81 所示。

图 4-81　"装饰文字"当前图层

(2) 选择工具栏中"标注"中的"多重引线"。如图 4-82 所示。

图 4-82　工具栏

(3) 单击图上需要文字注释的地方，显示出如图 4-83 所示"文字格式"对话框。

图 4-83　"文字格式"对话框

(4) 设定好文字格式，输入装饰文字，用此方法完成如图 4-84 所示内容。

图 4-84　完成文字注释

(5) 在图的正下方绘制一条加粗直线,在"绘图"菜单中选择"单行文字"选项,选择"立面图文字"为文字样式,输入图名和比例,文字大小根据图的大小而定,效果如图 4-85 所示。

图 4-85 完成图名与比例的文字输入

任务六 插 入 图 框

使用前面建好的 A3 图框插入到本幅图中，具体操作如下。

选择"插入"→"块"命令，弹出"插入"对话框，如图 4-86 所示。

图 4-86 插入 A3 图框对话框

通过"浏览"按钮在相应位置找到"A3 图框"文件，以"在屏幕上指定"插入点的方式插入图框后，完成本项目所要求的如图 4-1 所示的效果。

项目总结

本项目主要介绍了建筑立面图的基本知识和一般绘制方法。结合某建筑立面图实例，从轮廓线的绘制到图框的插入演示了如何利用 AutoCAD 绘制一幅完整的建筑立面图。建筑立面图是建筑设计中的一个重要组成部分，通过本项目的学习，应当对建筑立面图的设计过程和绘制方法有了大概了解，并能够运用前面章节中所述命令完成建筑立面图的绘制。

课后拓展

练习 1

练习 2

练习 3

练习 4

项目五 绘制建筑剖面图

  建筑物的内部结构是通过建筑剖面图来表达的，建筑剖面图配合平面图，可以使读图者更加清楚地了解建筑物的总体结构特征。本项目将向读者介绍建筑剖面图的基础知识，如建筑剖面图的识图和绘图步骤等，并结合实例介绍利用 AutoCAD 2012 绘制建筑剖面图的主要方法和步骤。建筑剖面图也是建筑设计中的一个重要组成部分。通过本项目的学习，可以了解建筑剖面图与建筑平面图、建筑立面图的区别，并能够独立完成建筑剖面图的绘制，如图 5-1～图 5-3 所示。

图 5-1   某住宅 1-1 剖面图

图 5-2　某住宅 2-2 剖面图

项目要点

如图 5-1 所示为某住宅楼的 1-1 剖面图。从剖面图中可以看出，这个剖面通过了卧室、主卧室和主卫等空间布局，剖切到了主卧和卧室的窗户，还有未被剖切到的部分，但是在剖切面上可以看到的内容包括室内的窗、楼板、梁、过梁和墙等。

如图 5-2 所示为某住宅楼的 2-2 剖面图。从剖面图中可以看出，这个剖面通过了客厅、餐厅、开敞阳台和封闭阳台等构件，在剖切面上可以看到的内容包括开敞和封闭阳台的门、窗、楼板、梁和墙等。

如图 5-3 所示为某住宅楼的楼梯剖面图。从剖面图中可以看出，这个剖面通过了雨篷、墙体、楼顶、窗、过梁和阳台等构件，这个剖面图清晰地表明了楼梯的梯段尺寸、踏步尺寸、踏步数量、层高、大门入口处的空间尺度、水暖设备间的大门位置等。

根据以上观察，发现剖面图的规律性较强，图形不必一一绘制，楼层间隔高度为 2900mm，只要在一层绘制窗、门、阳台等内容后，利用阵列命令复制即可。同理，尺寸标注也用同样办法实现。标高仍使用之前创建可旋转的"标高"图块。

楼梯剖面图 1:50

图　号	
比　例	

制　图	（签字）	（日期）	校名、班级
审　核			

图 5-3　某住宅楼梯剖面图

任务一 识图与绘制流程

一、识图

1. 建筑剖面图的形成和作用

为表明房屋内部垂直方向的主要结构，假想用一个平行于正立投影面或侧立投影面的竖直剖切面将建筑物垂直剖开，移去处于观察者和剖切面之间的部分，把余下的部分向投影面投射所得投影图称为建筑剖面图，简称剖面图。

建筑剖面图主要表示建筑物垂直方向的内部构造和结构形式，反映房屋的层次、层高、楼梯、结构形式、层面及内部空间关系等。在建筑施工图中，平面图、立面图、剖面图等是相互配合不可缺少的图样。各自有要表达的设计内容。为了更清楚地表达出复杂的建筑内部结构与构造形式、分层情况和各部位的联系、材料及其标高等信息，一般要利用建筑剖面图和建筑详图等图样来表达建筑物实体的设计。

剖面图是用假想的铅垂切面将房屋剖开后所得的立面视图，主要表达垂直方向高程和高度设计内容。建筑剖面图还表达了建筑物在垂直方向上的各部分形状、组合关系以及在建筑物剖面位置的结构形式和构造方法。建筑剖面图、建筑平面图、建筑立面图是相互配套的，都是表达建筑物整体概况的基本图样之一。

为了清楚地反映建筑物的实际情况，建筑剖面图的剖切位置一般选择在建筑物内部构造复杂或者具有代表性的位置。一般来说，剖切平面应该平行于建筑物长度或者宽度方向，最好能通过门、窗等。一般投影方向是向左或者向上的。剖视图宜采用平行剖切面进行剖切，从而表达出建筑物不同位置的构造异同。

不同图形之间，剖切面数量也是不同的。结构简单的建筑物，可能绘制一两个剖切面即可，但有的建筑物构造复杂，其内部功能又没有什么规律性，此时需要绘制从多个角度剖切的剖切面才能满足要求。有的对称的建筑物，剖面图可以只绘制一半；有的建筑物在某一条轴线之间具有不同布置，也可以在同一个剖面图上绘出不同位置的剖面图，但是要给出说明，图的图名和投影方向应与底层平面图上的标注一致。

2. 建筑剖面图的阅读

建筑剖面图的读图步骤如下。

(1) 首先阅读图名、比例、轴线符号。

(2) 与对应的建筑平面图的剖切标注相互对照，明确剖视图的剖切位置和投射方向。

(3) 建筑物的分层情况、内部空间组合、结构构造形式以及墙、柱、梁板之间的相互关系和建筑材料。

(4) 建筑物投影方向上可见的构造。

(5) 建筑物标高、构(配)件尺寸、建筑剖面图文字说明。

(6) 详图索引符号。

3. 建筑剖面图的内容及要求

建筑剖面图主要反映了建筑内部的空间形式及高程,因此,剖面图应反映出剖切后所能表现到的墙、柱及其与定位轴线之间的关系;各细部构造的标高和构造形式,如楼梯的梯段尺寸及踏步尺寸;墙体内的门窗高度和梁、板、柱的图面示意。

本节将建筑剖面图的主要内容概括为以下部分。

(1) 图名、比例。剖面图的比例与平面图、立面图一致,为了图示清楚,也可用较大的比例进行绘制。

(2) 定位轴线和轴线编号。剖面图上定位轴线的数量比立面图中多,但一般也不需全部绘制,通常只绘制图中被剖切到的墙体的轴线,与建筑平面图相对照,方便阅读。

(3) 线型。在建筑剖面图中,被剖切轮廓线应该采用粗实线表示,其余构(配)件采用细实线表示,被剖切构(配)件的内部材料也应该得到表示。例如,楼梯在剖面图中应该表现出其内部材料,如图5-4所示。

(a) 未剖切的楼梯　　　　(b) 被剖切的楼梯

图5-4　楼梯剖面示意图

(4) 表示被剖切到的建筑物内部构造,如各楼层地面、内外墙、屋顶、楼梯、阳台等构造。表示建筑物承重构件的位置及相互关系,如各层的梁、板、柱及墙体的连接关系等。没有被剖切到但在剖切面中可以看到的建筑物构(配)件,如室内的门窗、楼梯和扶手。

(5) 屋顶的形式及排水坡度等。

(6) 竖向尺寸的标注。建筑剖面图主要标注建筑物的标高,具体为室外地坪、窗台、门、窗洞口、各层层高、房屋建筑物的总高度。

(7) 详细的索引符号和必要的文字说明。一般建筑剖面图的细部做法,如屋顶檐口、女儿墙、雨水口等构造均需要绘制详图,凡是需要绘制详图的地方都要标注详图符号。

二、绘图流程

(1) 绘制建筑物的室内外地坪线、定位轴线及各层的楼面、屋面,并根据轴线绘制所有被剖切到的墙体断面轮廓及未被剖切到的可见墙体轮廓。

(2) 绘出剖面门窗洞口位置、楼梯平台、女儿墙、檐口以及其他可见轮廓线。

(3) 绘出各种梁,如门窗洞口上面的过梁、可见的或被剖切的承重梁等的轮廓或断面。

(4) 绘制楼梯、室内的固定设备、室外的台阶、花池及其他一切可以见到的细节。

(5) 标注尺寸和文字说明。

(6) 插入图框,完成全图。

任务二　剖面图中主要建筑构(配)件的绘制

一、墙体、屋顶

1. 墙体

因为在剖面图中不用考虑墙体的具体材料，所以不必考虑填充的问题，那么墙体的绘制就是用一系列的平行线来实现的，如图 5-5 所示。此图看起来十分简单，但是墙体在剖面图上大多是这种表现手法，就是用一系列的平行线，只是在线型的选择上有一点规定，土墙的绘制要用中粗实线；用于隔离性质的墙体结构，如板条抹灰、木制、石膏板等绘制时应该用细实线。墙体可以使用直线命令绘制，经偏移、修剪命令完成，

图 5-5　墙体

也可用多线绘制。总体而言，虽然墙体在剖面图上占有很重要的篇幅，但是绘制起来却很简单。

2. 屋顶

对于一般的工业和民用建筑，屋顶的样式也十分简单，总体来说也是几条平行线，只是由于排水的需要，多数屋顶具有坡度，或是中间高或是一侧高，一般来说平屋顶要有 2% 的坡度。当然对于一些艺术性很强的建筑物，它的绘制另当别论。如图 5-6 所示为一栋普通建筑物的屋顶的剖面结构样式。这个屋顶是一侧高的，两侧与墙体相连，也是由平行线绘制。

图 5-6　屋顶

二、窗

在平面图、立面图中都会接触到门和窗的绘制，由于门、窗的种类各有不同，所以绘制起来也略有差异，前面立面图的绘制中已经简单介绍了一些常见门、窗的正面视图的绘制方法，这些在绘制剖面图的过程中依然可以采用，因为在剖面图中会有一些房间内部没有被剖切到的门、窗，它们的绘制方法与立面图没有任何区别；对于那些被剖切到的、反映在剖面图上的是门、窗的侧视图，它们的绘制方法与平面图的顶视图、立面图的前视图有所不同，也有一些标准的绘制方法，下面简单举出几个例子。

1. 固定窗、平开窗

如图 5-7(a)所示，大多数窗户可以用这种表示方法，具体的差异这里无法得到体现，可以参见平面图和立面图，在这些视图上，它们的绘制都有一定的不同之处。

2. 上推窗

如图 5-7(b)所示为上推窗的绘制方法。

3. 悬窗

悬窗实际上有上悬窗、下悬窗和中悬窗之分，如图 5-7(c)所示为中悬窗，其他两种也只是那条虚线的位置略有不同而已。

(a) 固定窗、平开窗　　(b) 上推窗　　(c) 悬窗

图 5-7　窗

三、门

1. 平开门、墙内推拉门(单扇、双扇)

如图 5-8(a)所示为平开门、墙内推拉门的绘制方法，这是代表种类最多、也是使用最多的门的符号。

2. 墙外推拉门

如图 5-8(b)所示为墙外推拉门的绘制方法。

3. 双面弹簧门

如图 5-8(c)所示为双面弹簧门的绘制方法。

(a) 平开门、墙内推拉门　(b) 墙外推拉门　(c) 双面弹簧门

图 5-8　门

四、楼梯

楼梯是剖面图中的一个关键图形对象，因为多数有楼梯的部位都会有一幅相应的剖面图。楼梯的结构看起来不复杂，许多都是简单的重复，但是绘制起来需要有一定的技巧。下面以图 5-9 所示楼梯为例简单介绍绘制步骤如下。

图 5-9　楼梯梯段

首先绘制一个台阶和栏杆，如图 5-10(a)所示，然后选择"复制"命令捕捉左下角点进行复制，利用"直线"和"偏移"画出扶手，得到一跑楼梯，再用"镜像"工具得到另一跑楼梯，如图 5-10(b)所示，选择"移动"工具将两跑楼梯如图 5-10(c)所示连接在一起，再利用"修剪"将多余线剪掉，最后选择"图案填充"将楼板按照图 5-10(d)所示填充完成全图。填充楼板也可以选择图案填充中的钢筋混凝土图例，这样更形象一些，像图 5-4 中的剖面楼梯的图例那样。在此介绍的只是绘制的楼梯梯段，至于楼层平台和休息平台，还有墙体的绘制在后面绘制楼梯剖面图时给读者介绍。

(a)　　　　　　(b)　　　　　　(c)　　　　　　(d)

图 5-10　楼梯绘制过程

五、地坪、基础

地坪和基础用作绘图时的基准，所以需要最先绘制，绘制时要用粗实线，要反映出室内外地面的水平特征，因为有时会有一些坡度，而且室内外的水平高度也会不同，如图 5-11 所示，除此之外，只需用"直线"命令即可绘制。此外，还有大多数室内外高差用台阶来补充，一般来说一个踏步的宽和高分别为 300mm、150mm。

图 5-11　室内外地坪示意图

六、阳台、台阶和雨篷

1. 阳台

阳台由一些其他元素组成，包括楼板、墙体、栏杆(有的可能看不出来)等，如图5-12(a)所示。

2. 台阶和雨篷

从剖面图上看，台阶和雨篷也仅仅起到示意的作用，所以不必精确绘制，一般实际应用中也都是用矩形简单地表示一下即可，如图5-12(b)所示。

(a) 阳台　　　　(b) 台阶和雨篷

图5-12　阳台、台阶和雨篷

任务三　建立绘图环境

在开始绘制建筑剖面图前，要先对绘图环境进行相应的设置，做好绘图前的准备。

一、新建文件

启动 AutoCAD 2012，选择"文件"→"新建"命令或者单击 按钮，将新文件保存为"建筑剖面图"。

二、设置图形界限

(1) 选择"格式"→"图形界限"命令或输入 limits，命令行提示如下。

命令:'_limits 重新设置模型空间界限:	启动"图形界限"设置工具
指定左下角点或 [开(ON)/关(OFF)] <0.0000,0.0000>:	此处可输入"0，0"，也可直接按 Enter 键
指定右上角点 <420.0000,297.0000>: 42000,29700	因建筑立面图的绘制比例为1:100，图形放在A3图幅内，所以将图形界限放大100倍，输入42000，29700

(2) 显示图纸大小。

方法 1：在命令行输入 "Z"，并按 Enter 键，在系统提示下输入 "A"，命令行提示如下。

命令: Z✓	启动缩放工具
指定窗口的角点，输入比例因子(nX 或 nXP)，或者 [全部(A)/中心(C)/动态(D)/范围(E)/上一个(P)/比例(S)/窗口(W)/对象(O)] <实时>: A✓	选择 "全部" 缩放命令，此时 CAD 编辑界面将全部显示所有存在的图形元素范围，包含显示的和隐藏的元素，当然,隐藏的元素是看不到的

方法 2：选择 "视图" → "缩放" → "全部" 命令。

三、设置图层

在命令行输入 "La" 并按 Enter 键或者左键单击 按钮，并按 Enter 键，打开 "图层特性管理器" 对话框。绘制建筑剖面图在 "图层特性管理器" 对话框依次设置图层，如图 5-13 所示。

图 5-13　"图层特性管理器" 对话框

图层特性管理器中的所有图层是根据用户的需要来设置的，颜色随意设置，线型、线宽可以根据规范和用户需要设置成相关的数值。

任务四　绘　制　图　形

一、绘图主要思路

从图 5-1 所示 1-1 剖面图可以看出，此剖面通过了卧室、主卫生间、墙体、楼顶、窗等构件，还有没被剖切到但是在剖切面上可以看到的内容，包括室内的门、卫生间的间隔、可见的外墙轮廓和客厅餐厅的阳台等。

根据对图形的观察，不难发现该图规律性较强，即每层的内容基本相同，所以此图形不必一一绘制，只要将首层内容绘制完整，其他层利用阵列命令复制即可，楼层间隔高度为2900mm，其他高度根据不同需要单独设定。

二、首层绘制过程

1. 绘制辅助网格线

(1) 绘制网格的基准线，如图5-14所示，以轴线 Ⓐ 作为纵向的基准线，以标高为±0.000的室内地坪线作为横向基准线。

图5-14　基准线

(2) 使用"偏移"命令复制纵轴线。

选择"偏移"命令，首先以纵轴线 Ⓐ 为基准，向其右侧偏移，偏移距离依次设置为4500、2700、4500，绘制出轴线 Ⓒ、Ⓔ、Ⓖ；继续以轴线 Ⓐ 为基准向左、右各自偏移100，绘制出外墙的内、外墙线；然后以轴线 Ⓒ、Ⓔ 为基准，左、右各偏移50和100，绘制内墙墙线100厚和200厚的卫生间墙体，如图5-15所示。

(3) 使用"偏移"命令复制横轴线。

横轴线的绘制，主要是门、窗洞线和楼板线的绘制。以±0.000 的水平基准线(楼板线)为基准向上偏移600和900绘制窗台线，继续偏移1800和1500为左、右两个阳台的高度，再偏移150为楼板线，并且在此基础上偏移350的梁。再以水平基准线向上偏移2100为门的高度，如图5-16所示。

图5-15　纵向辅助线绘制

图 5-16　辅助网格线的绘制

2．绘制门窗和阳台等

（1）设置当前层为"墙线"层，线宽设置为 0.3。

（2）然后将墙线层的图线绘制好后，根据图形整体形式修剪好相应的图形，然后找到状态栏，看到下面的 ⊞|◰|ⅢⅢ 这个显示线宽按钮，让它处于激活状态，屏幕上便显示线宽，修改后的效果如图 5-17 所示。

图 5-17　墙线绘制方法

（3）置当前层为"门窗"层。

用窗口缩放命令放大Ⓐ轴和Ⓖ轴线所画窗的部位，经"偏移"和"修剪"得到如图 5-18 所示的结果。

（4）置当前层为"阳台"层。

选择"直线"命令按照如图 5-19 所示阳台尺寸位置绘制出来之后仔细检查是否存在未绘全的线，尺寸是否正确，当确保无误后，将辅助线删除。具体绘制的尺寸要结合平面图一起对照来看，如图 5-19 所示。

图 5-18 门、窗的绘制

图 5-19 阳台绘制

> **提示：** 在绘制过程中如果没有及时更换图层，可以在绘制图形后，利用标准工具栏上的特性匹配 ![icon] 将所绘制的图形移到所属图层上，这也是一种常用的方法。

（5）整体绘制好图形后，将所剖切到的楼板和梁用填充工具将其填充，或用钢筋混凝土图例来填充，钢筋混凝土图例的绘制详见项目六建筑详图章节。具体图样如图 5-20 所示。

图 5-20 完成后的首层剖面图

三、完成 1-1 剖面图的绘制

1. 阵列完成其他层的复制

(1) 将图整理为如图 5-21 所示样式，准备矩形阵列。

图 5-21　修改后成型的首层图

(2) 选择"阵列"命令，命令行提示如下。

命令: _arrayrect↙	按住▦，弹出 ▦ ◿ ✛ ▦ 标识，选择第一个图标"矩形阵列"，然后出现小方框，选择要阵列的对象
选择对象: 类型 = 矩形　关联 = 是 为项目数指定对角点或 [基点(B)/角度(A)/计数(C)] <计数>:4	输入"4"，说明要复制四层
指定对角点以间隔项目或 [间距(S)] <间距>: 2900	间距为 2900，直接将鼠标向上移动所得到的图 5-22 所示所有内容

然后选择"行"，再输入"4"，如图 5-23 所示。再输入距离"2900"，如图 5-24 所示。

图 5-22　阵列设置(一)

图 5-23　阵列设置(二)

图 5-24　阵列设置(三)

最终得到所要阵列的图形，如图 5-25 所示。

单击阵列后的图形，也可以修改图形的间距和数量，如图 5-26 和图 5-27 所示。

图 5-25　阵列后的楼层

图 5-26　"阵列"修改行数

图 5-27　"阵列"修改间距

2．修改完善细节

(1) 绘制楼顶：楼顶的绘制使用"偏移"或"复制"命令，女儿墙的绘制使用"矩形"或"直线"命令。具体绘制工具由用户自己选择，如图 5-28 所示。

(2) 绘制室外入口大门：使用"直线"或"多段线"，如图 5-29 所示。地下车库部分如同楼层的绘制，注意标高的尺寸区别，用户自己绘制即可。

图 5-28　楼顶示意图

图 5-29　室外入口

(3) 检查全图是否有多余或缺失的部分，完成全图，如图 5-30 所示。

图 5-30　完成 1-1 剖面图

四、2-2 剖面图的绘制

2-2 剖面图和 1-1 剖面图的绘制流程完全相同，只是图形的内容略有不同，此处不一一介绍，2-2 剖面图示通过客厅、餐厅和两个阳台的一个剖面的绘制，所绘制的构(配)件尺寸供大家参阅。在此只是叙述绘制的流程，不再介绍运用的工具和修改手段，图 5-31～图 5-35 为 2-2 剖面图的绘制流程。

图 5-31 绘制 Ⓑ Ⓕ 轴线

图 5-32 绘制首层构件

图 5-33 开敞阳台具体尺寸

图 5-34　阵列楼层后的效果

绘制楼顶和大门入口的方法和尺寸参考 1-1 剖面图，最终的成图如图 5-35 所示。

图 5-35　2-2 剖面图的形成

五、完成楼梯剖面图的绘制

从 3-3 剖面图可以看出，此剖面通过客厅、开敞阳台、墙体、楼顶、楼梯间、踏步等构件，还有没被剖切到但是在剖切面上可以看到的内容，包括水暖间的门、楼梯间的墙体、可见的外墙轮廓等。

楼梯的绘制依旧用图解的方式向读者介绍，绘图和修改工具的选择不再向读者详细介绍，前面都已经介绍过，希望读者可以自行运用多样式的工具绘制图形。图 5-36～图 5-43 为楼梯剖面图的绘制流程。

图 5-36 楼梯轴线的绘制

图 5-37 楼梯剖切梯段的绘制

图 5-38 楼梯非剖切梯段的绘制

图 5-39　楼梯梯段的阵列

图 5-40　细化后的楼梯

图 5-41　屋顶女儿墙细部尺寸

图 5-42　地下室及大门入口处细部尺寸

图 5-43　楼梯剖面图

任务五　尺寸标注与标高标注

在剖面图中，应该标出的尺寸包括被剖切部分的必要尺寸，包括竖直方向剖切部位的尺寸和标高、外墙需要标注门窗洞的高度尺寸和层高、室内外的高差和建筑物总的标高等。

除了标高之外，在建筑剖面图中还需要标注出轴线符号，以表明剖面图所在的范围，如在楼梯剖面图中要标明三条轴线，分别是轴线 Ⓔ、轴线 Ⓗ和轴线 Ⓙ。

一、尺寸标注

借鉴绘制图形思路，尺寸标注也可以用同样的方法绘制。从剖面图中可以看出尺寸标注非常有规律，纵轴尺寸较少，用"线性标注"命令结合"连续"命令即可完成。还是以楼梯剖面地下室及大门入口处为例，横轴上主要分布：左侧为 200、1800、3500、2100 和 800，有五组；右侧为 2100、350、100、200、700、300 和 600，共七组。地下层的层高和雨篷高度等细部尺寸有不同的尺寸标注，可个别修改。因为有规律，因此不必全部标注，只要标注一组，其余使用"连续"命令，这样既快又简捷。具体步骤如下。

(1) 切换到"标注"图层，如图 5-44 所示。

图 5-44 "标注"为当前层

(2) 标注样式参照项目三平面图中的样式设置，在此不再复述。

(3) 绘制尺寸标注辅助线。

使用"偏移"命令左侧和右侧各复制一条，作为线性标注的基准线。再用"线性标注"命令配合对象捕捉标注，如图 5-45 所示。

图 5-45 尺寸标注辅助线

(4) 利用"连续"工具，在选择标注后的一个基准线上拉出一条水平线，和刚才标注的一个层高相同，配合对象捕捉选择想要标注的断点，单击就可以快速形成一段尺寸标注，这样就大大节省了完成整个图形的纵向尺寸标注，地下室车库门和设备间的门的尺寸标注可以进行个别修改。当然最后要删除标注辅助线。最终形成如图 5-46 所示的尺寸标注。

图 5-46 地下室及大门入口处尺寸标注

(5) 轴线编号的绘制。

绘制半径 400 的圆，利用"单行文字"绘制文字高度为 500，旋转角度为 0 的字母 A，将 A 移动至圆的中心，如图 5-47 所示，然后复制此轴标至各个纵轴线的下端，复制基点捕捉象限点如图 5-48 所示，最后在相应轴标处双击字母 A，改成相应轴线编号：Ⓔ、Ⓗ、Ⓙ。完成后效果如图 5-49 所示。

图 5-47　轴标 A　　　　　　　　　　　　　图 5-48　基点选择

图 5-49　轴线编号

二、标高标注

标高可以利用之前立面图中所作的属性块插入完成，再利用图块的旋转功能完成图中所有标高的绘制。同时，此图的特点是标高左、右对称，所以也可以只标注一边，另一边通过镜像实现。其所显示的图像如图 5-49 所示。

任务六　插入图框和标题

使用前面建好的 A3 图框插入到本幅图中，具体操作如下。

选择"插入"→"块"命令，弹出"插入"对话框，如图 5-50 所示。

图 5-50　插入"A3 图框"

通过"浏览"按钮在相应位置找到"A3 图框"文件，以"在屏幕上指定"插入点的方式插入图框后，完成本项目所要求的图 5-1～图 5-3 所示的效果。

项目总结

前几个项目介绍了建筑总平面图、建筑平面图和建筑立面图的绘制方法，本项目接着前几个项目继续介绍建筑剖面图的基本知识和一般绘制方法。本项目通过 1-1 剖面、2-2 剖面和楼梯剖面图的实例介绍如何利用 AutoCAD 2012 绘制一幅完整建筑剖面图，这样可以对建筑剖面图的设计过程和绘制方法有一个大概了解。通过本章的学习，应该能够熟练地完成建筑剖面图的绘制。对于不同的剖面有了不同的认识，也能够了解楼体的剖面形成过程。

同时需注意，建筑剖面图应该与建筑平面图、建筑立面图相对应，这样可方便施工人员阅读图纸，这对于建筑设计来说相当重要。

课后拓展

练习楼梯的剖面图

项目六　绘制建筑详图

本项目介绍了建筑施工图——建筑详图，由于房屋某些复杂、细小部位的处理、做法和材料等，很难在比例较小的建筑平面图、立面图、剖面图中表达清楚，所以需要用较大的比例(1∶20、1∶10、1∶5等)来绘制这些局部构造。这种图样称为建筑详图，也称为节点详图，如图6-1所示。

图 6-1　墙身节点详图

项目要点

建筑详图一般应表达出构(配)件的详细构造，所用的各种材料及其规格、各部分的连接方法和相对位置关系，各部位、各细部的详细尺寸，包括需要标注的标高、有关施工要求和做法的说明等。

建筑详图的表示方法：应视所绘的建筑细部构造和构(配)件的复杂程度，按清晰表达的要求确定，详见各任务的最终成图。

建筑详图的主要特点为：①按较大比例绘制节点或构(配)件图样；②尺寸标注齐全；③文字说明详尽。

建筑详图的画法和绘制步骤与建筑平面图、立面图、剖面图的画法基本相同，仅是它们的一个局部而已。

本项目主要介绍楼梯和墙身节点详图的绘制步骤，所运用到的新命令有"图案填充"、"缩放"等。

任务　绘制外墙身节点详图

一、识图

墙身节点详图的作用是与建筑平面图配合起来作为墙身施工的依据。通常采用 1∶10 或 1∶20 的比例详细画出墙身的散水和勒脚、窗台、屋檐等各节点的构造及做法。

墙身节点详图中应表明墙身与轴线的关系。在散水、勒脚节点详图中，轴线居中，散水的做法是在图中用多层构造的引出线表示的，引出线贯穿各层，在引出线的一侧画有三道短横线，在它旁边用文字说明各层的构造及厚度。在窗台节点详图中表明了窗过梁、楼面、窗台的做法，楼面的构造是用多层构造引出线表示的。在檐口节点详图中表明了檐沟的做法及屋面的构造。

在墙身节点详图中剖切到的墙身线、檐口、楼面、屋面均应使用粗实线画出，看到的屋顶上的砖墩、窗洞处的外墙边线、踢脚线等用中实线绘制，粉刷线用细实线画出。

墙身节点详图中的尺寸不多。主要应标注出轴线与墙身的关系，散水的宽度，踢脚板的高度，窗过梁的高度，挑檐板的高度，挑檐板伸出轴线的距离等。另外还应标注出几个标高，即室内地坪标高、防潮层的标高、室外地面标高等。在图中还用箭头表示出了散水的坡度和排水方向。

二、建筑详图的图示内容

(1) 看图名，了解墙体的所在位置。

(2) 墙身与定位轴线的关系。

(3) 墙脚位置散水、防潮层、勒脚、踢脚、地面的构造。

(4) 窗台的位置、构造做法。

(5) 过梁、板与墙体的关系、楼面构造。

(6) 室内外墙面装修构造等。

屋顶、标准层和首层及地坪层的墙身节点详图的图形示意如图 6-2～图 6-4 所示。

图 6-2 屋顶墙体剖面详图

图 6-3 标准层墙体剖面详图

图 6-4 首层及地坪层墙体剖面详图

三、建筑外墙身节点详图的绘图流程(以标准层为例)

(1) 创建设置绘图环境。
(2) 绘制定位轴线及辅助线。
(3) 整理墙体线。
(4) 绘制保温层及抹灰层。
(5) 填充各种材料图例。
(6) 完成阳台栏杆扶手的绘制。
(7) 完成落地窗的窗框和室内地面高度的绘制。
(8) 标注尺寸、文本。
(9) 插入图框,完成剖面图。

四、新知识点

1. 图案填充

"图案填充"调用方式:

①	菜单栏	"绘图"→"图案填充"
②	工具栏	"图案填充"→
③	命令行	HATCH(H)

在绘制建筑图形时,经常需要将某个图形填充某一种颜色或材料。AutoCAD 提供了"图案填充"命令用于填充图形。

图 6-5 所示的"图案填充和渐变色"对话框,可在该对话框的各选项卡中设置相应参数,给相应的图形创建图案填充。

图 6-5　"图案填充和渐变色"对话框

其中，"图案填充"选项卡共包括 10 个选项组，下面着重介绍五个选项组中的参数含义，即类型和图案、角度和比例、边界、孤岛、图案填充原点。

1) 类型和图案

在"类型和图案"选项组中可以设置填充图案的类型，各参数的含义如下。

"类型"下拉列表框：包括"预定义"、"用户定义"和"自定义"三种图案类型。其中，"预定义"类型是指 AutoCAD 存储在产品附带的 acad.pat 或 acadiso.pat 文件中的预先定义的图案，是制图中的常用类型。

图 6-6 "填充图案选项板"对话框

"图案"下拉列表框：用于控制对填充图案的选择，下拉列表显示填充图案的名称，并且最近使用的六个用户预定义图案出现在列表顶部。单击按钮[...]，弹出"填充图案选项板"对话框，如图 6-6 所示，通过该对话框可选择合适的填充图案类型。

"样例"下拉列表框：用于显示选定图案的预览。

"自定义图案"下拉列表框：在选择"自定义"图案类型时可用，其中列出了可用的自定义图案，六个最近使用的自定义图案将出现在列表顶部。

2) 角度和比例

"角度和比例"选项组包含"角度"、"比例"、"间距"和"ISO 笔宽"四部分内容，用于控制填充的疏密程度和倾斜程度。

"角度"下拉列表框：用于设置填充图案的角度，"双向"复选框用于设置当填充图案选择"用户定义"时采用的当前线型的线条布置是单向还是双向。

"比例"下拉列表框：用于设置填充图案的比例值。如图 6-7 所示为选择 AR-BRSTD 填充图案进行不同角度和比例值填充的效果。

(a) 角度 0，比例 1　　　(b) 角度 45，比例 1　　　(c) 角度 0，比例 0.5

图 6-7 角度和比例的填充效果

"间距"文本框：用于设置当用户选择"用户定义"填充图案类型时采用的当前线形的线条间距。输入不同的间距值将得到不同的效果。

"ISO 笔宽"下拉列表框：主要针对用户选择"预定义"填充图案类型，同时选择了 ISO 预定义图案时，可以通过改变笔宽值来改变填充效果。

3) 边界

"边界"选项组用于指定图案填充的边界，可以通过指定对象封闭区域的点或者封闭区域对象的方法来确定填充边界，通常使用的是"添加：拾取点"按钮和"添加：选择对象"按钮。

"添加：拾取点"按钮：根据围绕指定点构成封闭区域的现有对象确定边界。单击该按钮，此时对话框将暂时关闭，系统将会提示用户拾取一个点，命令行提示如下。

命令：_BHATCH
拾取内部点或[选择对象(S)/删除边界(B)]：

"添加：选择对象"按钮：根据构成封闭区域的选定对象确定边界。单击该按钮，对话框将暂时关闭，系统将会提示用户选择对象，命令行提示如下。

命令：_BHATCH
拾取内部点或[拾取内部点(K)/删除边界(B)]：

4) 孤岛

在使用"添加：拾取点"按钮确定边界时，不同的孤岛设置将产生不同的填充效果。在"孤岛"选项组中，选中"孤岛检测"复选框后，则在进行填充时系统将根据选择的孤岛显示模式检测孤岛来填充图案。所谓"孤岛检测"是指最外层边界内的封闭区域对象将被检测为孤岛，系统提供了三种检测模式：普通孤岛检测、外部孤岛检测和忽略孤岛检测。

"普通"填充模式：从最外层边界向内部填充，对第一个内部岛形区域进行填充，间隔一个图形区域，转向下一个检测到的区域进行填充，如此反复交替进行。

"外部"填充模式：从最外层的边界向内部填充，只对第一个检测到的区域进行填充，填充后就终止该操作。

"忽略"填充模式：从最外层边界开始，不再进行内部边界检测，对整个区域进行填充，忽略其中存在的孤岛。

系统默认的检测模式是"普通"填充模式。三种不同填充模式效果的对比如图6-8所示。

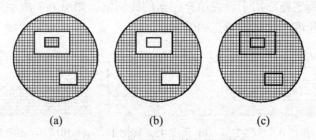

(a)   (b)   (c)

图6-8 三种不同孤岛检测模式效果

5) 图案填充原点

在默认情况下，填充图案始终相互对齐。但是有时用户可能需要移动图案填充的起点(称为原点)，在这种情况下，需要在"图案填充原点"选项组中重新设置图案填充原点。选中"指定的原点"单选按钮后，用户单击按钮图在绘图区用光标拾取新原点，或者选中"默认为边界范围"复选框，并在下拉菜单中选择所需点作为填充原点即可实现。

以砖形图案填充建筑立面图为例，希望在填充区域的左下角以完整的砖块开始填充图案，重新指定原点，设置如图6-9所示，使用默认填充原点和新的指定原点的对比效果如图6-10所示。

图 6-9 设置"图案填充原点"选项组

(a) 默认图案填充原点　　　(b) 新的图案填充原点

图 6-10 改变前后图案填充原点对比

2. 缩放

"缩放"调用方式：

①	菜单栏	"修改"→"缩放"
②	工具栏	"修改"→▫
③	命令行	SCALE(SC)

缩放命令用于将选择的图形对象按照指定的比例因子或参考值进行放大或缩小，使用此命令可以创见形状相同、大小不同的图形结构，也可以为对象指定当前长度和新长度。大于 1 的比例因子使对象放大，介于 0~1 的比例因子使对象缩小。

命令：_scale✓	启动"缩放"工具
选择对象：✓	选择要缩放的对象，按 Enter 键确认
指定基点：	选择基点，也就是不动点
指定比例因子或 [复制(C)/参照(R)] <1.0000>：	选择缩放的倍数，按 Enter 键确认
C✓	缩放的图形将以复制形式体现
R✓	选择参照缩放
指定参照长度	可以输入数值或选择基础边
指定参照长度 <410.1238>： 指定第二点：	选择基础边做出新的长度
指定新的长度或 [点(P)] <2000.0000>：	结束命令

此命令在本例中用来缩放折断线，首先按折断线的标准尺寸绘制出来，建议用多段线绘制以保持该图形的完整性。选取一点绘制出一段水平线，然后输入((@100,300)确定折断线挑出的上点，再输入((@200,-600)确定折断线挑出的下点，再次输入((@100,300)回到水平线上然后向右继续绘制出一段水平线，完成绘制，如图 6-11 所示。

此图在绘制平面图或其他图形时通用，但是应用到节点详图时尺寸过大，通常绘制出一个通用图例后就不再重新绘制，所以就运用到"缩放"工具，在不改变整体形状的情况下改变比例,步骤如下。

(1) 将原始图形放置到要折断的部位,如图 6-12 所示。启动"缩放"工具,选择对象,将整个折断线框选中按 Enter 键确认。

图 6-11　折断线的绘制　　　　图 6-12　原始图形放置到要折断的部位

(2) 选择缩放对象,将折断符号都选择上后出现虚线,按 Enter 键确认;指定基点,以图 6-13 所示基点为标准选择。

(3) 指定比例因子或选择复制/参照,如果知道放大或缩小比例可以直接输入数值,如放大两倍就直接输入 2 即可。在此选择参照(R),指定参照长度、起点和端点,如图 6-14 所示。在此要指出的是,先选择基点再选择最后的长度点,参照线段长度为 20mm。

图 6-13　选择缩放对象指定基点　　　　图 6-14　选择参照长度

(4) 根据指定的 20mm 长度,定位出折断线位置,然后重新将其与墙体对正,如图 6-15、图 6-16 所示。

图 6-15　定位出折断线位置　　　　图 6-16　移动到最终的位置

五、建立绘图环境

在开始绘制建筑详图前,首先对绘图环境进行相应设置,做好绘图前的准备。

1．新建文件

启动 AutoCAD 2012，选择"文件"→"新建"命令或单击 图标按钮，创建新的图形文件。

2．设置图形界限

(1) 选择"格式"→"图形界限"命令或输入"limits"，命令行提示如下。

命令：_limits↙	启动"图形界限"设置工具
重新设置模型空间界限： 指定左下角点或 [开(ON)/关(OFF)] <0.0000,0.0000>:↙	此处可输入 0,0 或直接按 Enter 键
指定右上角点 <420.0000,297.0000>: 42000,29700 ↙	因一般建筑施工图的绘制比例为 1∶100，为了使图形放在 A3 图幅内，所以输入"42000,29700"

(2) 显示图纸大小。

方法 1：在命令行输入"Z"，并按下 Enter 键，在系统提示下输入"A"。

命令: ZOOM (z)	启动"缩放"工具
指定窗口的角点，输入比例因子 (nX 或 nXP)，或者 [全部(A)/中心(C)/动态(D)/范围(E)/上一个(P)/比例(S)/窗口(W)/对象 (O)] <实时>: A↙	选择"全部"显示
正在重生成模型	

方法 2：选择"视图"→"缩放"→"全部"命令，如图 6-17 所示。

图 6-17　"视图"菜单

提示：此操作的目的是让所设置的图形界限全部显示在当前的绘图区内。用户一定不要忽视此步骤，这样才可以使自己设置的图形界限最大显示在整个窗口中。

3. 设置图层

在命令行输入"La"并按下 Enter 键或者左键单击🖳按钮，打开"图层特性管理器"对话框。绘制建筑立面图在"图层特性管理器"对话框依次设置图层，如图 6-18 所示。其中的所有特性都可以单击相应的图标设置数值和形式，如果想要添加其他类型的线形可以选择"加载"，然后再选定相应的线型。

图 6-18 "图层特性管理器"对话框

提示：图层要根据所绘制图的特点设置，可以在绘图之前全部设置好，也可以在绘图过程中逐步设置，但建议在绘图之前设置，这样做就会对所绘制的图有所认识与了解，对绘图的过程也会有个大致思路，有利于提高绘图速度。

六、绘制图形(以标准层墙身节点详图为例)

墙身节点详图是作施工图中不可缺少的重要部分，为了将各类详图绘制的标准统一，在这里以墙身节点为重点介绍对象，将绘制的流程和重点向读者详细介绍。下面主要介绍墙身节点详图的绘制步骤。

1. 绘制定位轴线及辅助线

下面介绍绘制Ⓑ轴线的开敞阳台的定位轴线，以及每层楼的地层线，以"辅助线"命名；Ⓑ轴线到阳台边缘的尺寸为 1500mm，将"轴线"图层改为"墙线"可以显示线宽，辅助线绘制如图 6-19 所示，关键点是将轴线Ⓑ向左、右各偏移 100 个单位，将阳台边缘线向右偏移 100 两次；横向做一条水平线，将楼板的 120 个单位定位清楚，这样就形成了整体图形的初步定位。然后修剪成如图 6-19 所示图样。

图 6-19 定位轴线和墙体辅助线

2. 整理墙线

将上一步的图形继续修剪，如图 6-20 所示图样。

图 6-20 修剪墙体线

3. 绘制保温层及抹灰层

绘制好墙体的主体结构楼板后，下面绘制保温层及最外抹灰层，建议用"偏移"和"圆角"命令绘制，这样方便快捷，比修剪模式清晰，但保温层和抹灰层是细实线，不同于墙体的剖切粗实线，所以注意每个图层的线型切换。保温层在不同部位的施工要求不同，要注意变换，抹灰层的厚度为 20 个单位，要注意阳台楼板上层的保温层、找坡层、找平层和防水层的厚度。滴水线处做 20mm 宽、10mm 深的凹槽即可。具体数值如图 6-21 所示。

4. 填充各种材料图例

基本轮廓修剪好后，对墙体和楼板进行混凝土、钢筋或砂浆的图示填充，在默认的 CAD 中钢筋混凝土的图例不是一个单独的填充图案，而是需要合成的，用钢筋斜线和混凝土图例叠加完成，但是网络上也有 CAD 图例填充的合成安装程序，用户可以自行下载程序并安装到 CAD 中，这样使用起来更方便，无须叠加。下面仍旧介绍叠加的模式填充。钢筋的图示，选择"图案填充"→"图案"→"图案填充选项板"中 ANSI 下的 ANSI31 图示，若用户有自己的填充方式，可以选择其他比例的斜线。混凝土的图示，选择"图案填充"→"图案"→"图案填充选项板"中"其他预定义"下的 AR-CONC 图示。填充的比例视实际情况来自行设置(若图案填充过密可以将比例放大，如图形显示过密可以调整为 20 或更大；若是图案填充过稀，可以将比例缩小)，具体如图 6-22～图 6-24 所示。

图 6-21　保温层及抹灰层的绘制

图 6-22　钢筋的填充效果　　　　图 6-23　钢筋和混凝土叠加后的填充效果

图 6-24　完成整体的填充效果

　　保温层和混凝土的填充分别使用标准图例的样式即可，填充时一定要注意边界线，要封闭，具体如图 6-19 所示。

5. 完成阳台栏杆、扶手的绘制

　　栏杆和扶手的绘制比较简单，用直线和阵列或偏移或者复制命令即可完成，具体如图 6-25 所示。

6. 完成落地窗的窗框和室内地面高度的绘制

　　完成好基本的构件绘制后开始绘制细部，落地窗户和室内地面留高的绘制具体尺寸如图 6-26 所示，在此不再具体介绍。

图 6-25 栏杆和扶手的绘制

图 6-26 墙体材料填充局部图

7. 标注尺寸、文本

最终标注尺寸和各部分的文字说明，完成全图，如图 6-27 所示。

图 6-27 标准层墙身节点详图

以上是以标准层Ⓑ轴线的阳台楼板的剖面具体做法通过绘制流程来说明剖面的形成，在整栋楼的剖面绘制过程中还涉及地坪层和屋顶的特殊部位的剖切，这些地方也是需要注意的，在施工过程中也是重要的控制点，下面用主要的绘图流程来介绍地坪层和屋顶的构造做法。

七、绘制地坪层墙身节点详图

首先还是先建立绘图环境和前期的设定，完成后找到绘图中心点开始绘图，按照轴线的位置绘制墙线并修剪成如图 6-28 所示形式；墙体和室外的地坪线、底部地下室窗台位置的定位，包括保温会和防水层。

散水和垫层的绘制尺寸要符合规范要求，如图 6-29 所示。

图 6-28　地坪层墙身节点初步绘制

图 6-29　散水和垫层的尺寸

　　散水也称为防水坡，其作用是将墙角附近的雨水排到离墙角有一定距离的室外地坪的自然土层中去，以保护外墙的墙基免受雨水侵蚀。在构造做法中要有一定的坡度，通常为3%～5%。所以在绘制时有一定的坡度表示，如图 6-30 所示。

　　将地坪层的构件绘制好后填充图例，所有的图例要按照规范要求填充，比例和位置如图 6-31 所示。在此要指出垫层的下部是素土夯实层，具体尺寸根据上层的垫层厚度画出一小部分即可，再到最左边的大地层，也就是说，是室外大自然的土地层，这部分也是有一定的图例的，如果用户没有安装标准图例，自己根据图示内容绘制出图例也可以。

图 6-30　散水和垫层的坡度绘制

图 6-31　填充地坪层所有图例

　　最后标注必要的尺寸和文字说明，完成全图，如图 6-32 所示。

图 6-32　地坪层的绘制

八、绘制屋顶层墙身节点详图

　　和前面的绘图习惯相同，还是先建立绘图环境并进行设定，完成后找到绘图中心点开始绘图，按照轴线的位置绘制墙线并修剪成如图 6-33 所示形式。用墙线绘制屋顶的楼面板和墙体的外轮廓线。

图 6-33 屋顶的楼面板

然后将保温层和抹灰层绘制出来，这个环节是比较复杂的，因为屋顶的保温和防水是要做多层的，做法就复杂一些，包括泛水构造等，请用户耐心绘制，如图 6-34 所示。

图 6-34 绘制屋顶的保温层和防水层

按照规范要求填充图例，还是要强调一下，由于屋顶的特殊性，使得其保温层和防水层比较凌乱，建议读者在绘制时要充分弄清尺寸，然后将轮廓线绘制准确，检查无误后再填充图例，如图 6-35 所示。

一般来说，为了不使节点详图过大，通常将中间标准段截断删除，所以上部的女儿墙可以不连续绘制出来，如图 6-36 所示。

图 6-35　填充图例后的屋顶层　　　　　　图 6-36　女儿墙压顶构造

最后将女儿墙部分和屋顶部分结合起来，然后添加必要的文字说明，最终如图 6-37 所示。

面层刚性防水层
20厚1:3水泥砂浆找平层
1:6水泥炉渣找坡层
保温隔热层
现浇钢筋混凝土层面板120厚
1:2.5水泥砂浆15厚

图 6-37　屋顶墙身节点详图的绘制

以上将屋顶、标准层和首层及地坪层的墙身节点详图都向读者做了一一介绍，那么这部分是整个详图的核心部分，还有其他施工详图读者可以自己练习，最后将这几部分的详图统一起来展示给读者，如图 6-38 所示。

图 6-38　墙身节点详图

项目总结

本项目通过实例，向读者介绍了墙身节点详图的几个重要部位的绘制过程，使读者更进一步了解建筑详图的特点和类型，帮助读者理解建筑施工图的其他详图内容，更好地识图、绘图。

在三个节点详图中，注意线条的合理运用。被剖到的墙体以及圈(过)梁结构外轮廓线用粗实线绘制，被剖到的散水、地层中的混凝土垫层、窗框、楼板等用中实线绘制，其余线条用细实线绘制。注意以上三种线型的对比要分明。

课后拓展

练习 1

练习 2

练习 3

项目七　绘制施工图总说明

本部分内容主要介绍建筑制图中一个很重要的组成部分——创建建筑施工总说明,在建筑图纸中,建筑施工总说明一般在图纸的第一页,主要内容包括图纸目录、设计说明、工程做法和门窗表。本项目就通过对建筑施工总说明所包含的内容,为读者介绍各种涉及文字内容的图形对象的创建方法(见图 7-1)。

图 7-1　建筑施工总说明

项目要点

图 7-1 所示,建筑施工总说明包含各种说明文字和各种表格,所以在建筑施工总说明的创建过程中,一般会使用到新的知识点:"文字样式"、"单行文字"、"多行文字"、

"表格"等命令，在绘制的同时，有时需要借助之前用过的二维制图中的"构造线"、"分解"等命令，并要灵活地运用"对象捕捉"和"夹点编辑"功能。

任务一　确定施工总说明内容

一、图纸目录及门窗表

图纸目录，说明工程由哪几类专业图纸组成，记录着各专业图纸的名称、张数和图纸顺序，便于查阅图纸，它是了解整个建筑设计整体情况的目录，从中可以明了图纸数量及出图大小和工程号，还有建筑单位及整个建筑物的主要功能。如果图纸目录与实际图纸有出入，必须进行核对。门窗表就是门窗编号以及门窗尺寸及做法，这在结构中计算荷载是必不可少的。

门窗表是对建筑物上所有不同类型的门窗统计后列成的表格，以备施工、预算需要。

二、建筑设计总说明

设计说明是对图样中无法表达清楚的内容用文字加以详细说明，其主要内容有：建设工程概况、建筑设计依据、所选用的标准图集的代号、建筑装修及构造的要求，以及设计人员对施工单位的要求。

建筑设计总说明对结构设计是非常重要的，因为建筑设计总说明中会提到很多做法及许多结构设计中要使用的数据，如建筑物所处位置(结构中用以确定设防裂度及风载、雪载)、黄海标高(用以计算基础大小及埋深、桩顶标高等，没有黄海标高，施工中根本无法施工)、墙体做法、地面做法、楼面做法等(用以确定各部分荷载)。总之，看建筑设计说明时不能草率，这是结构设计正确与否非常重要的一个环节。

任务二　创建建筑施工总说明

一、新知识点

文字技术。

1. 设置文字样式

1) 文字标准规定

在《房屋建筑制图统一标准》(GB/T 50001—2010)中要求图纸上所需书写的文字、数字或符号等均应笔画清晰、字体端正、排列整齐，标点符号应清楚、正确。文字的字高应从如下高度中选用：3.5mm、5mm、7mm、10mm、14mm、20mm。如需书写更大的字，其高

度应按 $\sqrt{2}$ 的比值递增。图样及说明中的汉字宜采用长仿宋体，宽度与高度的关系应符合表 7-1 的规定。大标题、图册封面、地形图等汉字也可以采用其他字体，但应易于辨认。

表 7-1　长仿宋体字高和字宽的关系 单位：mm

字高	20	14	10	7	5	3.5
字宽	14	10	7	5	3.5	2.5

分数、百分数和比例数的注写，应采用阿拉伯数字和数学符号，如四分之三、百分之二十五和一比二十应分别写成 3/4、25% 和 1：20。当注写的数字小于 1 时，必须写出个位的 0，小数点采用圆点、齐基准线书写，如 0.01。

在 AutoCAD 中，所有文字都有与之相关联的文字样式。在创建文字注释和尺寸标注时，AutoCAD 通常使用当前的文字样式。也可以根据具体要求重新设置文字样式或创建新的样式。文字样式包括文字"字体"、"字形"、"高度"、"宽度系数"、"倾斜角"、"反向"、"倒置"以及"垂直"等参数。

2）"文字样式"调用方式

①	菜单栏	"格式"→"文字样式"
②	命令行	STYLE(ST)

弹出如图 7-2 所示的"文字样式"对话框。

图 7-2　"文字样式"对话框

在"文字样式"对话框中，可以显示文字样式的名称、创建新的文字样式、为已有的文字样式重命名以及删除文字样式。

"文字样式"对话框的"字体"选项组用于设置文字样式使用的字体属性。

"字体名"下拉列表框：用于选择字体，如宋体、仿宋等。

"字体样式"下拉列表框：用于选择字体格式，如斜体、粗体和常规字体等。

"使用大字体"复选框："字体样式"下拉列表框变为"大字体"下拉列表框，用于选择大字体文件。

"效果"选项组：可以设置文字的显示效果，如图 7-3 所示。

图 7-3　文字显示效果

在"文字样式"对话框的预览选项区域中，可以预览所选择或所设置的文字样式效果。设置完文字样式后，单击"应用"按钮即可应用文字样式。然后单击"关闭"按钮，关闭"文字样式"对话框。

2. 单行文字

"单行文字"调用方式：

①	菜单栏	"绘图"→"文字"→"单行文字"
②	命令行	DTEXT

命令行提示如下。

命令：dtext↙	启动"单行文字"工具
当前文字样式：Standard 当前文字高度：0.0000	默认设置
指定文字的起点或[对正(J)/样式(S)]:	指定文字的起点
指定高度<2.5000>:	输入文字的高度
指定文字的旋转角度<0>:	输入文字的旋转角度

在命令行提示下，设置文字高度和旋转角度后，在绘图区将出现单行文字动态输入框，其中包含一个高度为文字高度的边框，该边框将随用户的输入而展开。

命令行提示包括"指定文字的起点"、"对正"和"样式"三个选项。其中，"指定文字的起点"为默认项，用来确定文字行基线的起点位置；"对正(J)"选项用来确定标注文字的排列方式及排列方向；"样式(S)"选项用来选择文字样式。

3. 多行文字

"多行文字"调用方式：

①	菜单栏	"绘图"→"文字"→"多行文字"
②	工具栏	"绘图"→**A**
③	命令行	MTEXT

命令行提示如下。

命令：　mtext↙	启动"多行文字"工具
当前文字样式："Standard"　当前文字高度：0.000	默认设置
指定第一角点：	指定多行文字输入区的第一个角点
指定对角点或 [高度(H)/对正(J)/行距(L)/旋转(R)/样式(S)/宽度(W)/栏(C)]：	系统给出 7 个选项

在命令行提示中有七个选项，分别为"高度(H)"、"对正(J)"、"行距(L)"、"旋转(R)"、"样式(S)"、"宽度(W)"和"栏(C)"，其中"高度(H)"选项用于设置文字框的高度；"对正(J)"选项用来确定文字排列的方式，与单行文字类似；"行距(L)"选项用来为多行文字对象制定行与行之间的距离；"旋转(R)"选项用来确定文字的倾斜角度；"样式(S)"选项用来确定多行文字采用的字体样式；"宽度(W)"选项用来确定标注文字框的宽度；"栏(C)"选项用于指定多行文字对象的栏设置。

当设置好以上选项后，系统提示"指定对角点："，此选项用来确定标注文字框的另一个对角点，AutoCAD 将在这另一个对角点形成的矩形区域内进行文字标注，矩形区域的宽度就是所标注文字的宽度。

当指定了对角点之后，弹出如图 7-4 所示的多行文字编辑器，也叫"在位文字编辑器"，用户可以在编辑框中输入需要插入的文字。

图 7-4　多行文字编辑器

多行文字编辑器由多行文字编辑框和"文字格式"工具栏组成，多行文字编辑器中包含了制表位和缩进，因此可以轻松地创建段落，并可以轻松相对于文字元素边框进行文字缩进。制表位、缩进的运用与 Microsoft Word 相似。如图 7-5 所示，标尺左端上面的小三角为"首行缩进"标记，该标记用于控制首行的起始位置。标尺左端下面的小三角为"段落缩进"标记，该标记用于控制该自然段左端的边界。标尺右端的两个小三角为设置多行对象的宽度标记。单击该标记然后按住鼠标左键拖动便可以调整文字宽度。标尺下端的两个小三角用于设置多行文字对象的长度。另外，用鼠标单击标尺还能够生成用户设置的制表位。

除了多行文字编辑框，在位文字编辑器还包含"文字格式"工具栏、"段落"对话框、"栏"菜单和"显示选项"菜单，如图 7-6 所示。在多行文字编辑框中，可以选择文字，在"文字格式"工具栏中可以修改文字大小、字体、颜色等格式，即可完成在一般文字编辑中常用的一些操作。

图 7-5　多行文字编辑框的标尺功能

图 7-6　"文字格式"工具栏

二、创建建筑施工总说明

如下文字为本例"施工图设计总说明"的一部分。

一、工程说明

1. 设计依据

(1) 建设单位及有关领导部门审批文件

(2) 城建局、规划局、土地局、电管局、市政工程等有关部门审批文件

(3) 国家现行有关建筑设计规范及施工规范

2. 工程概况

(1) 此建筑为城市型住宅，位于城市居住小区。建筑总层数: 7 层。层高: 2800mm。总高度: 20.40m。

(2) 建筑分类和耐火等级: 多层民用建筑二级耐火等级。建筑耐久年限: 50 年。

(3) 建筑结构类型: 砖混结构。抗震设防烈度: 6 度。

(4) 屋面防水等级: 2 级。

(5) 标高: 本建筑室内 ±0.000 标高相当于绝对标高 262.800。

其中，文字"一、工程说明"字高"700"，其余文字高 350，所有文字采用"仿宋"，宽高比例为"0.7"，创建效果如图 7-7 所示。

具体操作步骤如下。

(1) 选择"格式"→"文字样式"命令，弹出"文字样式"对话框，新建样式名为"施工说明文字"，字体名为"仿宋"，宽高比例为"0.7"，设置如图 7-8 所示。

一、工程说明

1. 设计依据

(1) 建设单位及有关领导部门审批文件

(2) 城建局、规划局、土地局、电管局、市政工程等有关部门审批文件

(3) 国家现行有关建筑设计规范及施工规范

2. 工程概况

(1) 此建筑为城市型住宅，位于城市居住小区。建筑总层数：7层。层高：2800mm。总高度：20.40m。

(2) 建筑分类和耐火等级：多层民用建筑二级耐火等级。建筑耐久年限：50年。

(3) 建筑结构类型：砖混结构。抗震设防烈度：6度。

(4) 屋面防水等级：2级。

(5) 标高：本建筑室内±0.000标高相当于绝对标高262.800。

图 7-7　部分施工设计说明文字效果

图 7-8　"文字样式"设置参数

然后单击"应用"按钮，再单击"关闭"按钮，完成"施工说明文字"样式的创建。

(2) 选择"文字"→"多行文字"命令或单击"绘图"→ A ，命令行提示指定第一个角点和对角点，在绘图区拾取第一个角点和对角点，弹出在位文字编辑器，在"文字样式"下拉列表框中选择文字样式"施工说明文字"，输入"一、工程说明"，效果如图 7-9 所示。

图 7-9　输入标题文字

(3) 完成文字"一、工程说明"输入后，按 Enter 键，输入其他分项文字，效果如图 7-10 所示。

图 7-10　输入分项文字

(4) 单击"符号"按钮 ，如图 7-11 所示，在弹出的下拉菜单中选择"正/负"命令，输入"±"号。然后继续完成其他分项文字，效果如图 7-12 所示。

图 7-11　插入"±"号方法与效果

图 7-12　文字输入效果

(5) 选择文字"一、工程说明",在"文字样式"文本框中输入"700",如图 7-13 所示。

图 7-13　设置标题文字大小

(6) 单击"确定"按钮,标题文字调整后的效果如图 7-7 所示。

任务三　创建门窗表

一、新知识点

表格功能是 AutoCAD 在 2006 版本才开始推出的,在 2005 版本以及更低版本中是没有表格功能的,表格功能的出现很好地满足了实际工程的需要,在实际工程制图中,如建筑制图中的门窗表,都需要使用表格功能来完成。如果没有表格功能,使用单行文字和直线来绘制表格是很烦琐的,在 2012 版本中,表格功能得到了空前的加强和完善。在 2012 版本中,表格的一些操作都可以通过控制台上的"表格"面板来实现,如图 7-14 所示,下面介绍具体使用方法。

图 7-14　"表格"面板

1. 创建表格样式

表格样式控制一个表格的外观,用于保证标准的字体、颜色、文本、高度和行距。可以使用默认的表格样式,也可以根据需要自定义表格样式。

"表格样式"调用方式:

①	菜单栏	"格式"→"表格样式"
②	工具栏	"样式"→ 📄
③	命令行	TABLESTYLE

弹出如图 7-15 所示"表格样式"对话框，"样式"列表框中显示了已创建的表格样式。

图 7-15　"表格样式"对话框

AutoCAD 在表格样式中预设 Standard 样式，该样式第一行是标题行，由文字居中的合并单元行组成，第二行是表头，其他行都是数据行。单击"新建"按钮，弹出如图 7-16 所示"创建新的表格样式"对话框。

图 7-16　"创建新的表格样式"对话框

在"新样式名"文本框中可以输入表格样式名称，在"基础样式"下拉列表框中选择一个表格样式为新的表格样式的默认设置，单击"继续"按钮，弹出如图 7-17 所示"新建表格样式：工程样本"对话框，在该对话框中可以对样式进行具体设置。

图 7-17　"新建表格样式：工程样本"对话框

"新建表格样式：工程样本"对话框由"起始表格"、"常规"、"单元样式"和"单元样式预览"四个选项组组成。"起始表格"选项组允许在图形中指定一个表格用于样例来设置此表格样式的格式，"常规"选项组用于更改表格方向。

"单元样式"选项组用于定义新的单元样式或修改现有单元样式，可以创建任意数量的单元样式，如图 7-18 所示"单元样式"选项组，选项组中提供"常规"、"文字"和"边框"选项卡，用于设置创建单元样式的单元、单元文字和单元边界的外观。

"文字"选项卡：对文字的样式、高度、颜色、角度等进行修改，如图 7-19 所示。

图 7-18 单元样式中的"常规"选项　　　　图 7-19 单元样式中的"文字"选项卡

"边框"选项卡：如图 7-20 所示，对边框的线宽、线型、颜色、是否双线等进行设置，并通过底部按钮对单元格每条线进行单独设置。

图 7-20 单元样式中的"边框"选项

2. 创建表格

"表格"调用方式：

①	菜单栏	"绘图"→"表格"
②	工具栏	"绘图"→
③	命令行	TABLE

弹出如图 7-21 所示"插入表格"对话框。

在"插入选项"选项组中提供了三种插入表格的方式。

(1) "从空表格开始"单选按钮表示创建可以手动填充数据的空白表格。

(2) "自数据链接"单选按钮表示从外部电子表格中的数据创建表格。

(3) "自图形中的对象数据(数据提取)"单选按钮表示启动"数据提取"向导来创建表格。

当选中"从空表格开始"单选按钮时，"插入表格"对话框如图 7-21 所示，可以设置表格的各种参数，该对话框中各选项含义如下。

图 7-21 "插入表格"对话框

"表格样式"下拉列表框：用于设置表格采用的样式，默认样式为 Standard。

"预览"窗口：显示当前选中表格样式的预览形状。

"插入方式"选项组：用于设置表格插入的具体方式，选中"指定插入点"单选按钮时，需指定表左上角的位置。如果表格样式将表的方向设置为由下而上读取，则插入点位于表的左下角。选中"指定窗口"单选按钮时，需指定表格的大小和位置，行数、列数、列宽和行高取决于窗口的大小以及列和行的设置。

"列和行设置"选项组：设置列和行的数目和大小。

"设置单元样式"选项组：用于对那些不包含起始表格的表格样式指定新表格中行的单元格式。

设置完参数后，单击"确定"按钮，可以在绘图区插入表格，效果如图 7-22 所示。

图 7-22 空表格内容输入状态

当选中"自数据链接"单选按钮时，"插入表格"对话框仅"指定插入点"单选按钮可选，效果如图 7-23 所示。

单击"启动数据链接管理器"按钮或者单击"表格"面板的"数据链接管理器"按钮，均可打开"选择数据链接"对话框，效果如图 7-24 所示。

单击"创建新的 Excel 数据链接"按钮，弹出如图 7-25 所示的"输入数据链接名称"对话框。

图 7-23　选中"自数字链接"单选按钮的"插入表格"对话框

图 7-24　"选择数据链接"对话框　　图 7-25　"输入数据链接名称"对话框

在"名称"文本框中输入数据链接名称"工程图纸"，单击"确定"按钮，弹出如图 7-26 所示的"新建 Excel 数据链接：工程图纸"对话框。

单击按钮，在弹出的"另存为"对话框中选择需要作为数据链接文件的 Excel 文件，单击"确定"按钮，回到"新建 Excel 数据链接：工程图纸"对话框，效果如图 7-27 所示。

单击"确定"按钮，回到"选择数据链接"对话框，可以看到创建完成的数据链接，单击"确定"按钮回到"插入表格"对话框，在"自数据链接"下拉列表框中可以选择刚才创建的数据链接，单击"确定"按钮，进入绘图区，拾取合适的插入点即可创建与数据链接相关的表格，效果如图 7-28 所示。

图 7-26 "新建 Excel 数据链接：工程图纸"对话框

图 7-27 创建 Excel 数据链接

图 7-28 创建完成数据链接

3．编辑表格

表格创建完成后，用户可以单击该表格上的任意网格线以选中该表格，然后通过使用"特性"选项板或夹点修改该表格。单击网格的边框线选中该表格，将显示如图 7-29 所示的夹点模式。

图 7-29 夹点模式

各个夹点的功能如下。

(1) 左上夹点：移动表格。

(2) 右上夹点：修改表宽并按比例修改所有列。

(3) 左下夹点：修改表高并按比例修改所有行。

(4) 右下夹点：修改表高和表宽并按比例修改所有行和列。

(5) 列夹点：在表头行的顶部，将列的宽度修改到夹点的左侧，并加宽或缩小表格以适应此修改。

更改表格的高度或宽度时，只有与所选夹点相邻的行或列将会更改。表格的高度或宽度将保持不变。如果需要根据正在编辑的行或列的大小按比例更改表格的大小，在使用列夹点时按住 Ctrl 键即可。在 AutoCAD 中，新增加了"表格打断"夹点，该夹点可以将包含大量数据的表格打断成主要和次要的表格片段，使用表格底部的表格打断夹点，可以使表格覆盖图形中的多列或操作已创建的不同表格部分。

在 AutoCAD 2012 版本中，当用户选择表格中的单元格时，表格状态如图 7-30 所示，可以对表格中的单元格进行编辑处理，在表格上方的"表格"工具栏中提供了各种各样的对单元格进行编辑的工具。

图 7-30　单元格选中状态

当选中表格中的单元格后，单元边框的中央显示夹点，效果如图 7-31 所示。在另一个单元内单击可以将选中的内容移到该单元，拖动单元上的夹点可以使单元及其列或行更宽或更小。

图 7-31　单元格夹点

在快捷菜单中选择"特性"命令，弹出如图 7-32 所示的"特性"选项板，可以设置单元宽度、单元高度、对齐方式、文字内容、文字样式、文字高度、文字颜色等内容。

二、创建门窗表

1．门窗表的格式要求

"门窗表"中标题字高 700，居中，表头的文字字高 500，居中，单元格内容文字字高为 350，所有文字采用仿宋，宽高比为0.7，如图 7-33 所示。

图 7-32　"特性"选项板

2．具体创建步骤

(1) 选择"格式"→"表格样式"命令，弹出"表格样式"对话框，单击"新建"按钮，弹出如图 7-34 所示的"创建新的表格样式"对话框，在"新样式名"文本框中输入表格样式名称"门窗表"。

类型	设计编号	洞口尺寸(mm)	数量							
			1层	2层	3层	4层	5层	6层	7层	合计
门	M-1	1500X2200	3							3
	M-2	900X2000	12	12	12	12	12	12	12	84
	M-3	900X2000	12	12	12	12	12	12	12	84
	M-4	700X2000		2	2	2	2			8
窗	C-1	2100X1500	6	6	6	6	6	6	6	42
	C-2	1800X1500	12	12	12	12	12	12	12	84
	C-3	1500X1500		3	3	3	3	3	3	18

图 7-33　门窗表效果

图 7-34　"创建新的表格样式"对话框

(2) 单击"继续"按钮，弹出"新建表格样式"对话框，在"单元样式"下拉列表框中选择"标题"选项，设置标题参数，"常规"选项卡的设置如图 7-35 所示，"文字"选项卡的设置如图 7-36 所示。

图 7-35　标题"常规"参数

图 7-36　标题"文字"参数

(3) 在"单元样式"下拉列表框中选择"表头"选项，设置表头的参数，"常规"选项卡的设置如图 7-37 所示，"文字"选项卡的设置如图 7-38 所示。

(4) 在"单元样式"下拉列表框中选择"数据"选项，设置表头的参数，"常规"选项卡的设置如图 7-39 所示，"文字"选项卡的设置如图 7-40 所示。

图 7-37　表头"常规"参数

图 7-38　表头"文字"参数

图 7-39　数据"常规"参数

图 7-40　数据"文字"参数

(5) 选择"绘图"→"表格"命令，弹出"插入表格"对话框，选中"从空表格开始"单选按钮，设置列和行的参数，参数设置如图 7-41 所示。

图 7-41　"插入表格"对话框

(6) 单击"确定"按钮，在绘图区拾取一点为表格插入点，在第一行输入表格的标题，并输入表格的表头文字，选择单元格 A2 和 A3，单击■▼按钮，合并单元格，在弹出的下拉菜单中选择"按列"命令，将单元合并，效果如图 7-42 所示。

图 7-42　输入标题和表头文字、合并单元格示意图

(7) 输入数据单元格内容，完成如图 7-43 所示门窗表。

类型	设计编号	洞口尺寸	数量							
			1层	2层	3层	4层	5层	6层	7层	合计
门	M-1	1500×2200	3							3
	M-2	900×2000	12	12	12	12	12	12	12	84
	M-3	900×2000	12	12	12	12	12	12	12	84
	M-4	700×2000		2	2	2	2			
窗	C-1	2100×1500	6	6	6	6	6	6	6	42
	C-2	1800×1500	12	12	12	12	12	12	12	84
	C-3	1500×1500	3	3	3	3	3	3		18

图 7-43　完成的门窗表

任务四　插　入　图　框

将前面建好的 A3 图框插入到本幅图中，具体操作如下。

选择"插入块"命令，弹出"插入"对话框，如图 7-44 所示。

图 7-44　"插入"对话框

通过单击"浏览"按钮在相应位置找到"A3 图框"文件，以"在屏幕上指定"插入点的方式插入图框后，完成本项目所要求的图 7-1 所示的效果。

项目总结

本部分内容主要介绍了建筑制图的重要组成部分——建筑施工总说明,这部分内容需要灵活运用"对象捕捉"和"夹点编辑"功能进行绘制。

课后拓展

练习：图纸目录的绘制

图纸目录

序 号	图 号	图 纸 目 录	图 号
01	建施-01	图纸目录,门窗表	A2
02	建施-02	施工总说明	A2
03	建施-03	一层/二层(±0.000/4.200)平面	A1
04	建施-04	三-六层(7.500-16.200)平面	A1
05	建施-05	阁楼(19.000)/屋顶平面	A1
06	建施-06	①-⑭ 展开北立面	A2
07	建施-07	⑭-① 南立面	A2
08	建施-08	西立面/1-1剖面/2-2剖面	A1
09	建施-09	楼梯图	A2

项目八　建筑施工图的打印与输出

图形输出是绘图工作的重要组成部分。使用 AutoCAD 2012 能够绘制任意复杂的二维和三维图形，以此来表达设计思想。但是一张设计好的图纸是用来加工制造的，通常在图形绘制完成后，需要将其打印到图纸上，从而方便土建工程师、室内设计师和施工人员参照，用来与其他设计人员进行交流，所以打印图形在实际应用中具有重要意义。

项目要点

将之前的项目二～项目七所绘制的某住宅建筑施工图(包括总平面图、标准层平面图、立面图、剖面图、详图、施工说明)用 A4 纸打印输出。本项目内容详细介绍图形打印的方法以及将绘制完成的图形输出为其他格式文件的方法。通过本项目的学习，要求掌握 AutoCAD 的图形打印输出的方法与技巧。

任务一　掌握打印图形操作过程

一、打印与输出概述

1．纸张大小和方向

根据输出设备的不同，纸张的来源、大小、规格也不同，通常情况下使用标准规格的图纸，如 A1 纸的大小为 841mm×594mm，也可以根据图形情况自定义输出纸张的大小，但定义的纸张大小受输出设备最大打印纸张的限制，不能超过输出设备打印的最大宽度，但长度可以增加。纸张设置完成后，纸张纵向和横向放置，应考虑与图形输出的方向相对应。

2．输出图形的范围和比例

图形绘制完成后，要将图形输出到图纸上，需要选定输出图形的范围，通常有图形界限、范围、显示和窗口等方式。范围选好之后，涉及输出到多大的图纸上，就要设定绘图比例。绘图比例是指出图时图纸上的单位尺寸与实际绘图尺寸之间的比例。

例如，绘图比例 1 : 1，出图比例 1 : 100，则图纸上的 1 个单位长度代表 100 个实际单位长度。计算机提供了按图纸空间自动比例缩放、选择一个设定的比例和自定义比例等方式。

注意： 首先可以使用自动比例，然后选用接近它的整数比例。

3．标题栏和图框设置

图纸大小确定后，可按图纸的大小绘制边框和标题栏，并作为图块，使其成为一个独立的文件。根据出图比例大小，将保存有边框和标题栏的文件插入到当前图形文件中，如果图形输出时比例缩小为原来的 1/10，插入到当前文件的图块就放大 10 倍，并修改使所有输出的图形都包括在图框之内；如果图形输出时比例放大 10 倍，插入到当前文件的图块就缩小到当前图块的 1/10，并修改使所有输出的图形都包括在图框之内。这样输出到图纸上的图框正好等于设置的图纸规格的图框大小。也可以采用另外一种方法，将按照输出的图纸大小规格绘制的边框、标题栏做成图块写成一个独立的文件后，1 : 1 插入到当前图形文件中，将当前图形文件中的图形用"比例缩放"命令缩放，使之能够正好放在刚才插入的图框之内。这样出图时绘图采用 1 : 1 的比例，但图形上标注的尺寸数值会变化，需要调整。

注意： 可以根据常用的图纸大小，分别绘制好标题栏、图框，保存成一个独立的文件，用到哪一个随时可以调用。

二、打印过程

利用"打印"对话框可以很容易地创建一个比例打印，当进入对话框时，屏幕上将提示指定打印参数。打印步骤如下。

(1) 如果一个命名的页面设置先前曾被定义并保存过，可从"页面设置名称"列表中选取。

(2) 核实所需绘图仪是否为当前绘图仪。

(3) 利用"打印设置"选项卡设置打印参数。设置包括图纸尺寸、打印区域、图纸定位、打印比例、打印偏移及打印选项。

(4) 单击"预览"按钮，对打印图形进行预览。

(5) 如果预览效果不理想，重新设定每个选项卡上的打印参数，重新预览。

(6) 如果预览效果符合期望，单击"确定"按钮。

任务二　配置打印机

在输出图形时，要根据对象类型的不同，配置好打印机，并为其指定不同的打印样式，以满足图形输出的需要。配置打印机的步骤如下。

(1) 选择"文件"→"绘图仪管理器"命令，弹出如图 8-1 所示的 Windows 界面。

(2) 双击"添加绘图仪向导"图标，将进入"添加绘图仪-简介"对话框，如图 8-2 所示。

图 8-1 "绘图仪管理器"窗口

图 8-2 "添加绘图仪-简介"对话框

(3) 在"添加绘图仪-简介"对话框中，单击"下一步"按钮，调出"添加绘图仪-开始"对话框。在其中选中"我的电脑"单选按钮后，单击"下一步"按钮，如图 8-3 所示。

图 8-3 "添加绘图仪-开始"对话框

(4) 在调出的"添加绘图仪-绘图仪型号"对话框中,"生产商"列表框中选择 HP 选项,在"型号"列表框中选择合适的型号,如图 8-4 所示,然后单击"下一步"按钮,调出"驱动程序信息"对话框,如图 8-5 所示,单击"继续"按钮,调出"添加绘图仪-输入 PCP 或 PC2"对话框,如图 8-6 所示。

图 8-4 "添加绘图仪-绘图仪型号"对话框

图 8-5 "驱动程序信息"对话框

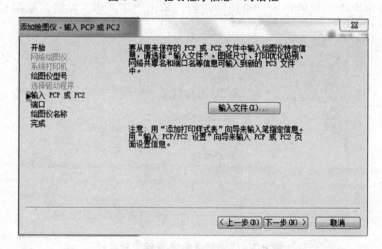

图 8-6 "添加绘图仪-输入 PCP 或 PC2"对话框

(5) 在"添加绘图仪-输入 PCP 或 PC2"对话框中单击"下一步"按钮，如图 8-7 所示，调出"添加绘图仪-端口"对话框。

(6) 在"添加绘图仪-端口"对话框中，选中"打印到端口"单选按钮，再选中 COM1 端口，如图 8-7 所示。单击"下一步"按钮，调出"添加绘图仪-绘图仪名称"对话框，如图 8-8 所示。

图 8-7　"添加绘图仪—端口"对话框

图 8-8　"添加绘图仪-绘图仪名称"对话框

(7) 在"添加绘图仪-绘图仪名称"对话框中，设置当前绘图仪的名称，然后单击"下一步"按钮，调出如图 8-3 所示"添加绘图仪-开始"对话框。

(8) 在如图 8-9 所示"添加绘图仪-完成"对话框中，单击"完成"按钮，完成绘图仪的添加。如果需要校准新配置的绘图仪，可单击"校准绘图仪"按钮，调出如图 8-10 所示"校准绘图仪-开始"对话框，按照系统提示校准和测试当前的绘图仪效果。

图 8-9 "添加绘图仪-完成"对话框

图 8-10 "校准绘图仪-开始"对话框

通过 AutoCAD 这样一步一步地引导设置并安装打印机之后便可以打印图形。

任务三 创建打印样式

一、设置打印参数

在 AutoCAD，用户可以使用 CAD 系统内部打印机或者操作系统打印机输出图形，并设置、修改打印机及其他打印参数。

1. "打印"调用方式

①	菜单栏	"文件"→"打印"
②	工具栏	"标准"→🖨
③	命令行	PLOT

弹出"打印-模型"对话框，如图 8-11 所示。在此对话框上单击右下角的 ⊙ 按钮可以打开更多选项，进行页面设置、选择打印设备、设置图纸尺寸等打印参数的设置。

图 8-11　"打印-模型"对话框

2．选择打印设备

在打印前，必须先选择打印设备。调出"打印-模型"对话框，在"打印机/绘图仪"选项组中的"名称"下拉列表中，用户可选择 Windows 系统中已经安装好的打印设备和AutoCAD 内部自带的打印设备作为本次打印操作的输出设备，如图 8-12 所示。当选择某种打印设备后，在"打印机/绘图仪"选项组中将随即显示被选中的打印设备的详细名称、安装连接的端口以及其他有关该打印设备的信息。

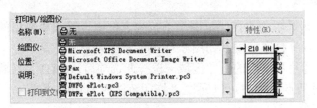

图 8-12　"打印机/绘图仪"选项组

当用户想了解、修改选中的打印设备设置，可以单击"特性"按钮进入"绘图仪配置编辑器"对话框，如图 8-13 所示。在此对话框中可以了解该打印设备更详细的信息，也可以重新设定打印机端口及其他输出参数设置。

3．选择图纸幅面

在"打印"对话框的"图纸尺寸"下拉列表框中设置图纸的尺寸，"图纸尺寸"下拉列表框中包含了已选打印设备可使用的标准图纸尺寸。当用户选择某种幅面的图纸后，该列表右上角将出现所选图纸及实际打印范围的预览图像。如若把光标移动到预览图像时，系统将在光标位置处显示出精确的图纸尺寸及图纸上可以打印区域的尺寸，如图 8-14 所示。

图 8-13　"绘图仪配置编辑器" 对话框

图 8-14　设置 "图纸尺寸"

4．设定打印区域

用户可以在打印区域的"打印范围"下拉列表框中设置需要输出的图形范围，在该下拉列框表中共包含四种打印范围，如图 8-15 所示，其功能如下。

"窗口"：打印用户设定的打印区域。选择此选项后，CAD 系统将提示用户设置需要打印区域的两个对角点。用户可以通过"打印范围"右边的"窗口"按钮重新设定打印区域。

"范围"：打印当前图样中所有已经绘制的图形对象。

"图形界限"：打印之前使用"图形界限"(LIMITS)命令设定的图形界限范围。

"显示"：打印当前窗口显示的图形。

图 8-15　"打印范围" 设置

5．设定打印比例

AutoCAD 提供了一系列标准的缩放比例值，在打印比例区域中的"比例"下拉列表框可以设置打印图纸的比例，如图 8-16 所示。绘图时为了方便一般根据实物按 1∶1 的比例绘图，因此要打印图纸时则需要根据图纸尺寸确定打印比例，该比例是图纸尺寸单位与图形单位的比值。例如，当图纸尺寸单位是毫米时，用户把打印比例设置为 1∶4 后，则图纸上的 1mm 代表 4 个图形单位。还可以通过选择 选项使 AutoCAD 自动缩放图形以充满所选定的图纸。

6．调整图形打印方向及位置

用户可以通过图形方向设置图形在图纸上的打印方向，如图 8-17 所示。

图 8-16　"打印比例"选项组　　　　图 8-17　设置图形打印方向

7．打印样式表

"打印样式表"选项组主要用来设置、编辑和创建打印样式表。所谓打印样式表，就是为绘图仪的各支绘图笔设置参数表，包括绘图笔的颜色、线型、线条宽度、笔速等，以便 AutoCAD 能正确使用所选的绘图仪。如果使用的是激光或者喷墨打印机、绘图仪，则不能设置打印样式表。

在"名称"下拉列表框中选择了一种打印样式表后，可以单击此列表框后面的"编辑"按钮 ，以便对此打印样式进行修改。单击此按钮后弹出"打印样式表编辑器"对话框，如图 8-18 所示，在此对话框中可以修改打印样式的有关参数。

图 8-18　"打印样式表编辑器"对话框

8．打印预览

用户设置完相关的打印参数后，可以在"打印"对话框中选择 预览(P)… 按钮，通过打印预览观察图形的打印效果，观察设置的打印参数是否适当。用户如若对预览的效果不满意，可以返回"打印"对话框重新设置对应的参数，直到满意为止。

9．保存打印设置

当用户需要对所设置的打印参数进行保存、记录以备以后使用时，可以通过"页面设置"区域的"添加"按钮保存当前页面设置，如图 8-19 所示。

单击"确定"按钮即可保存"设置 1"的打印模式，也可在不同的图中保存多种页面设置，下面详细介绍"页面设置"的方法。

图 8-19 "添加页面设置"对话框

二、页面设置

页面设置就是打印设备和其他影响最终输出外观以及格式的所有设置集合。可以使用页面设置管理器将一个页面设置后取一个名称保存，这样就可以在以后随时调用，或者将这个命名的页面设置应用到多个布局中，也可以应用到其他图形文件中。例如，在打印图形文件时，可以不进行打印页面设置，而是选择其他图形文件中已命名的页面设置，并将其应用到当前图形中进行打印。这样直接调用已命名的页面设置，可以节约一些操作时间。

在模型空间和图纸空间必须分别进行打印页面设置，而且最终打印时，也只能使用自身的页面设置进行打印输出，模型空间无法选用图纸空间的页面设置进行打印，同样，图纸空间也无法选用模型空间的页面设置进行打印。

选择"文件"→"页面设置管理器"命令打开一个图形文件，处于模型空间时，打开"页面设置管理器"对话框，如图 8-20 所示。

图 8-20 "页面设置管理器"对话框

单击"新建"按钮，打开"新建页面设置"对话框，如图 8-21 所示。

页面设置完成，单击"确定"按钮，弹出如图 8-22 所示"页面设置管理器"对话框，在对话框中，刚才新建的"设置 1"页面设置名称显示在列表中，单击它，再单击"置为当前"按钮，应用"设置 1"，单击"关闭"按钮，结束新建页面设置工作。

图 8-21　"新建页面设置"对话框　　　　图 8-22　"页面设置管理器"对话框

三、一张图纸上打印多个图形

通常在一张图纸上需要打印多个图形，以便节省图纸，具体操作步骤如下。

(1) 选择"文件"→"新建"命令，创建新的图形文件。

(2) 选择"插入"→"块"命令，弹出"插入"对话框，单击"浏览"按钮，弹出"选择图形文件"对话框，从中选择要插入的图形文件，单击"打开"按钮，此时在"插入"对话框的"名称"组合框内将显示所选文件的名称，如图 8-23 所示。

图 8-23　"插入"对话框

单击"确定"按钮，将图形插入到指定的位置。

> **注意：** 如果插入文件的文字样式与当前图形中的文字样式名称相同，则插入的图形文件中的文字将使用当前图形文件中的文字样式。

(3) 使用相同的方法插入其他需要的图形，使用"缩放"工具将图形进行缩放，其缩放的比例与打印比例相同，适当组成一张图纸幅面。

(4) 选择"文件"→"打印"命令，弹出"打印"对话框，设置为 1:1 的比例打印图形即可。

四、输出为其他格式文件

在 AutoCAD 中，使用"输出"命令可以将绘制的图形输出为 BMP、3DS 等格式的文件，并可在其他应用程序中进行使用。

1."输出"调用方式

①	菜单栏	"文件"→"输出"
②	命令行	EXPORT(EXP)

启用"输出"命令，弹出"输出数据"对话框，指定文件的名称和保存路径，并在"文件类型"下拉列表框中选择相应的输出格式，如图 8-24 所示，然后单击"保存"按钮，将图形输出为所选格式的文件。

图 8-24 "输出数据"对话框

2. 文件类型

在 AutoCAD 中，可以将图形输出为以下几种格式的文件。

图元文件：此格式以.wmf 为扩展名，将图形输出为图元文件，以供不同的 Windows 软件调用，图形在其他软件中图元的特性不变。

ACIS：此格式以.sat 为扩展名，将图形输出为实体对象文件。

平版印刷：此格式以.sd 为扩展名，输出图形为实体对象立体画文件。

封装 Ps：此格式以.eps 为扩展名，输出为 PostScnp 文件。

DXX 提取：此格式以.dxx 为扩展名，输出为属性抽取文件。

位图：此格式以.bmp 为扩展名，输出为与设备无关的位图文件，可供图像处理软件调用。

3D Studio：此格式以.3ds 为扩展名，输出为 3D Studio(MAX)软件可接受的格式文件。

块：此格式以.dwg 为扩展名，输出为图形块文件，可提供不同版本 CAD 软件调用。

任务四　建筑施工图打印输出

一、A4 纸打印各张图纸

1. 建筑总平面图

1) 打印设置

选择"文件"→"打印"命令，弹出"打印-模型"对话框，如图 8-25 所示设置打印参数。

"图纸尺寸"：A4。

"打印区域"：利用"窗口"模式选择打印范围。

"打印偏移(原点设置在可打印区域)"：选择"居中打印"。

"打印比例"：选择"布满图纸"。

"图形方向"：选择"纵向"。

图 8-25　"建筑总平面图"打印设置

2) 图形预览

单击"预览"按钮，得到如图 8-26 所示"建筑总平面图"预览图。

图 8-26　"建筑总平面图"预览图

3) 打印输出

单击"关闭"按钮 ⊗，回到"打印"对话框，单击"确定"按钮，打印出图。

2. 建筑平面图

打印设置与操作过程参见建筑平面图，将图形方向改为"横向"即可，打印预览如图 8-27 所示。

图 8-27　"建筑平面图"预览图

3. 建筑立面图

打印设置与操作过程参见建筑立面图，将图形方向改为"横向"即可，打印预览如图 8-28 所示。

4. 建筑剖面图

打印设置与操作过程参见建筑剖面图，将图形方向改为"横向"即可，打印预览如图 8-29 所示。

图 8-28 "建筑立面图"预览图

图 8-29 "建筑剖面图"预览图

5. 建筑详图

打印设置与操作过程参见建筑详图,将图形方向改为"横向"即可,打印预览如图 8-30 所示。

图 8-30 "建筑详图"预览图

6. 施工总说明

打印设置与操作过程参见施工总说明，将图形方向改为"横向"即可，打印预览如图 8-31 所示。

图 8-31 "施工总说明"预览图

二、一张 A4 纸打印全图

操作过程如下。

(1) 选择"文件"→"新建"命令，创建新的图形文件。

(2) 选择"插入"→"块"命令，弹出"插入"对话框，单击"浏览"按钮，弹出"选择图形文件"对话框，从中依次选择要插入的图形文件，单击"打开"按钮，此时在"插入"对话框的"名称"组合框内将显示所选文件的名称，如图 8-32 所示。

图 8-32 "插入"对话框

(3) 使用相同的方法插入所有图形后，使用"缩放"工具将图形进行缩放，其缩放的比例与打印比例相同，适当组成一张 A4 纸幅面。

(4) 选择"文件"→"打印"命令，弹出"打印"对话框，设置为 1：1 的比例打印图形即可。效果如图 8-33 所示。

图 8-33　"打印全图"效果

项目总结

　　图形输出是绘制图形的最后一道工序。正确地对图形进行打印设置，有利于顺利地输出图纸。本实例的目的是要掌握打印预览的方法。用户应该注意，模型空间和图纸空间是两个不同的制图环境，在同一个图形中是无法同时在这两个环境中工作的。

课后拓展

　　绘制书后建筑施工图集并打印输出。

项目九　建筑信息模型的介绍

建筑信息模型简称 BIM。对于 BIM，最通用的解释是 Building Information Modeling，它就是通过数字化技术，在计算机中建立一座虚拟的建筑，一个建筑信息模型就是提供了一个单一的、完整一致的、逻辑的建筑信息库。BIM 一定是贯穿在建筑整个生命周期中，使设计数据、建造信息、维护信息等大量信息保存在 BIM 中，在建筑整个生命周期中得以重复、便捷地使用。

任务一　BIM 技术的简介

一、基本特点

1. 可视化

可视化即"所见所得"的形式，对于建筑行业来说，可视化的真正运用在建筑业的作用是非常大的，如经常拿到的施工图纸，只是各个构件的信息在图纸上采用线条绘制表达，但是其真正的构造形式就需要建筑业参与人员去自行想象。对于一般简单的东西来说，这种想象也未尝不可，但是现代建筑业的建筑形式各异，复杂造型在不断推出，那么这种光靠人脑去想象的东西就未免有点不太现实。所以 BIM 提供了可视化的思路，让人们将以往的线条式的构件形成一种三维的立体实物图形展示在人们面前；现在建筑业也有设计方面出效果图的事情，但是这种效果图是分包给专业的效果图制作团队进行识读设计制作出的线条式信息，并不是通过构件的信息自动生成，缺少了同构件之间的互动性和反馈性，然而 BIM 提到的可视化是一种能够同构件之间形成互动性和反馈性的可视，在 BIM 中，由于整个过程都是可视化的，所以可视化的结果不仅可以用来效果图的展示及报表的生成，更重要的是，项目设计、建造、运营过程中的沟通、讨论、决策都在可视化的状态下进行。

2. 协调性

协调性方面是建筑业中的重点内容，不管是施工单位还是业主及设计单位，无不在做着协调及相配合的工作。一旦项目实施过程中遇到了问题，就要将各有关人士组织起来开协调会，找各施工问题发生的原因及解决办法，然后出变更，采取相应补救措施等进行问题的解决。那么这个问题的协调真的就只能出现问题后再进行协调吗？在设计时，往往由于各专业设计师之间的沟通不到位，而出现各种专业之间的碰撞问题，如暖通等专业中的管道在进行布置时，由于施工图纸是各自绘制在各自的施工图纸上的，真正施工过程中，可能在布置管线时正好在此处有结构设计的梁等构件在此妨碍着管线的布置，这种就是施工中常遇到的碰撞问题，类似这样问题的协调解决就只能在问题出现之后再进行解决吗？BIM 的协调性服务就可以帮助处理这种问题，也就是说，BIM 可在建筑物建造前期对各专业的碰撞问题进行协调，生成协调数据。当然 BIM 的协调作用也并不是只能解决各专业间的碰撞问题，它还可以解决如电梯井布置与其他设计布置及净空要求的协调，防火分区与其他设计布置的协调，地下排水布置与其他设计布置的协调等。

3．模拟性

模拟性并不是只能模拟设计出的建筑物模型，还可以模拟不能够在真实世界中进行操作的事物。在设计阶段，BIM 可以对设计上需要进行模拟的一些东西进行模拟实验，如节能模拟、紧急疏散模拟、日照模拟、热能传导模拟等；在招投标和施工阶段可以进行 4D 模拟(基于三维模型加项目的发展时间)，也就是根据施工的组织设计模拟实际施工，从而确定合理的施工方案来指导施工。同时，还可以进行 5D 模拟(基于三维模型的造价控制)，从而来实现成本控制；后期运营阶段可以模拟日常紧急情况的处理方式的模拟，如地震时人员逃生模拟及消防人员疏散模拟等。

4．优化性

事实上，整个设计、施工、运营的过程就是一个不断优化的过程，当然优化和 BIM 也不存在实质性的必然联系，但在 BIM 的基础上可以做更好的优化、更好地做优化。优化受三样东西制约，即信息、复杂程度和时间。没有准确的信息做不出合理的优化结果，BIM 模型提供了建筑物的实际存在的信息，包括几何信息、物理信息、规则信息，还提供了建筑物变化以后的实际存在。复杂程度高到一定程度，参与人员本身的能力无法掌握所有的信息，必须借助一定的科学技术和设备的帮助。现代建筑物的复杂程度大多超过参与人员本身的能力极限，BIM 及与其配套的各种优化工具提供了对复杂项目进行优化的可能。

5．可出图性

BIM 并不是为了出大家日常多见的建筑设计院所出的建筑设计图纸，以及一些构件加工的图纸，而是通过对建筑物进行可视化展示、协调、模拟、优化以后，可以帮助业主出如下图纸：

(1) 综合管线图(经过碰撞检查和设计修改，消除了相应错误以后)。

(2) 综合结构留洞图(预埋套管图)。

二、BIM 平台软件的介绍

按照功能，BIM 软件分为三类。

(1) 建模软件：这类软件以 Autodesk 出品的 AutodeskRevit Architecture 软件为代表。

(2) 专业软件：这类软件以 Autodesk 出品的 AutodeskRevit Structure 和 AutodeskRevit

MEP 件为代表。在国内各专业不同，软件业非常多。例如，结构设计方面有中国建筑科学研究院的 PKPM；在预算造价软件方面，有广联达等各类软件。

(3) 管理软件：此类软件种类非常多，基于一个平台在建筑产品的整个生命周期中都会应用到。

任务二　运用 BIM 技术建模实例

一、AutodeskRevit Architecture 软件的功能

AutodeskRevit Architecture 建筑设计软件可以按照建筑师和设计师的思考方式进行设计，因此，可以开发更高质量、更加精确的建筑设计。专为建筑信息模型而设计的 AutodeskRevit Architecture，能够帮助捕捉和分析早期设计构思，并能够从设计、文档到施工的整个流程中更精确地保持这一设计理念。利用包括丰富信息的模型来支持可持续性设计、施工规划与构造设计。自动更新可以确保设计与文档的一致性与可靠性。

AutodeskRevit Architecture 可以帮助我们促进可持续设计分析，自动交付协调、一致的文档，加快创意设计进程，进而获得强大的竞争优势；还可以根据自身进度借助 AutodeskRevit Architecture 迁移至 BIM，同时可以继续使用 AutoCAD。

二、AutodeskRevit Architecture 建模实例展示

(1) 通过建筑师和设计师的思路，利用 AutodeskRevit Architecture 进行设计，在此软件中可以同时展示该建筑的所有图纸，如图 9-1～图 9-3 所示。

图 9-1　地下室平面图

图 9-2　底层平面图

图 9-3　立面图

(2) 最终形成的建筑模型如图 9-4 所示。

图 9-4　三维效果图

(3) 同时，AutodeskRevit Architecture 建模后还可以转化为 AutoCAD 图纸，如图 9-5～图 9-10 所示。

图 9-5 地下室平面图

图 9-6 底层平面图

图 9-7　二层平面图

Ⓜ~Ⓐ立面图　1:60

图 9-8　立面图

图 9-9 剖面图

图 9-10 详图

附录一 房屋建筑制图统一标准

一、术语

1．图纸幅面(drawing format)

图纸幅面是指图纸宽度与长度组成的图面。

2．图线(chart)

图线是指起点和终点间以任何方式连接的一种几何图形，形状可以是直线或曲线，连续和不连续线。

3．字体(font)

字体是指文字的风格式样，又称书体。

4．比例(scale)

比例是指图中图形与其实物相应要素的线性尺寸之比。

5．视图(view)

将物体按正投影法向投影面投射时所得到的投影称为视图。

6．轴测图(axonometric drawing)

用平行投影法将物体连同确定该物体的直角坐标系一起沿不平行于任一坐标平面的方向投射到一个投影面上，所得到的图形称作轴测图。

7．透视图(perspective drawing)

透视图即根据透视原理绘制出的具有近大远小特征的图像，以表达建筑设计意图。

8．标高(elevation)

以某一水平面作为基准面，并作零点(水准原点)起算地面(楼面)至基准面的垂直高度称为标高。

9. 工程图纸(project sheet)

根据投影原理或有关规定绘制在纸介质上的，通过线条、符号、文字说明及其他图形元素表示工程形状、大小、结构等特征的图形称为工程图纸。

10. 计算机制图文件(computer aided drawing file)

利用计算机制图技术绘制的，记录和存储工程图纸所表现的各种设计内容的数据文件称为计算机制图文件。

11. 计算机制图文件夹(computer aided drawing folder)

在磁盘等设备上存储计算机制图文件的逻辑空间称为计算机制图文件夹，又称为计算机制图文件目录。

12. 协同设计(synergitic design)

协同设计即通过计算机网络与计算机辅助设计技术，创建协作设计环境，使设计团队各成员围绕共同的设计目标和对象，按照各自分工，并行交互式地完成设计任务，实现设计资源的优化配置与共享，最终获得符合工程要求的设计成果文件。

13. 计算机制图文件参照方式(reference of computer aided drawing file)

计算机制图文件参照方式即在当前计算机制图文件中引用并显示其他计算机制图文件(被参照文件)的部分或全部数据内容的一种计算机技术。当前计算机制图文件只记录被参照文件的存储位置和文件名，并不记录被参照文件的具体数据内容，并且随着被参照文件的修改而同步更新。

14. 图层(layer)

图层即计算机制图文件中相关图形元素数据的一种组织结构。属于同一图层的实体具有统一的颜色、线型、线宽、状态等属性。

二 图纸幅面规格与图纸编排顺序

1. 图纸幅面

(1) 图纸幅面及图框尺寸应符合表 1 规定的格式。

表 1　幅面及图框尺寸　　　　　　　　　　　　　　单位：mm

幅面代号 \ 尺寸代号	A0	A1	A2	A3	A4
b×l	841×1189	594×841	420×594	297×420	210×297
C	10				
a	25				

(2) 需要微缩复制的图纸，其一个边上应附有一段准确米制尺度，四个边上均附有对中

标志，米制尺度的总长应为 100mm，分格应为 10mm。对中标志应画在图纸内框各边长的中点处，线宽 0.35mm，应伸入内框边，在框外为 5mm。对中标志的线段，于 a1 和 b1 范围取中。

(3) 图纸的短边尺寸不应加长，A0～A3 幅面长边尺寸可加长，但应符合表 2 的规定。

表 2　图纸长边加长尺寸

单位：mm

幅面代号	长边尺寸	长边加长后的尺寸
A0	1189	1486(A0+1/4*l*)　1635(A0+3/8*l*)　1783(A0+1/2*l*)　1932(A0+5/8*l*)　2080(A0+3/4*l*) 2230(A0+7/8*l*)　2378(A0+1*l*)
A1	841	1051(A1+1/4*l*)　1261(A1+1/2*l*)　1471(A1+3/4*l*)　1682(A1+1*l*)　1892(A1+5/4*l*) 2102(A1+3/2*l*)
A2	594	743(A2+1/4*l*)　891(A2+1/2*l*)　1041(A2+3/4*l*)　1189(A2+1*l*)　1338(A2+5/4*l*) 1486(A2+3/2*l*)　1635(A2+7/4*l*)　1783(A2+2*l*)　1932(A2+9/4*l*)　2080(A2+5/2*l*)
A3	420	630(A3+1/2*l*)　841(A3+1*l*)　1051(A3+3/2*l*)　1261(A3+2*l*)　1471(A3+5/2*l*) 1682(A3+3*l*)　1892(A3+7/2*l*)

注：有特殊需要的图纸，可采用 b×*l* 为 841mm×891mm 与 1189mm×1261mm 的幅面

(4) 图纸以短边作为垂直边应为横式，以短边作为水平边应为立式。A0～A3 图纸宜横式使用；必要时，也可立式使用。

(5) 一个工程设计中，每个专业所使用的图纸不宜多于两种幅面，不含目录及表格所采用的 A4 幅面。

2. 标题栏与会签栏

(1) 图纸中应有标题栏、图框线、幅面线、装订边线和对中标志。图纸的标题栏及装订边的位置应符合下列规定：

① 横式使用的图纸，应按图 3、图 4 所示形式进行布置。

② 立式使用的图纸，应按图 1、图 3 所示形式进行布置。

(2) 标题栏应按图 5 所示，根据工程的需要选择确定其尺寸、格式及分区。签字栏应包括实名列和签名列，并应符合下列规定：

图 1　A0～A3 横式幅面(一)　　　　图 2　A0～A3 横式幅面(二)

图 3　A0～A4 立式幅面(一)

图 4　A0～A4 立式幅面(二)

标题栏

设计单位名称	注册师签章	项目经理	修改记录	工程名称区	图号区	签字区	会签栏

①　涉外工程的标题栏内，各项主要内容的中文下方应附有译文，设计单位的上方或左方应加"中华人民共和国"字样。

②　在计算机制图文件中当使用电子签名与认证时，应符合国家有关电子签名法的规定。

(3)　图纸编排顺序。

①　工程图纸应按专业顺序编排。应为图纸目录、总图、建筑图、结构图、给水排水图、暖通空调图、电气图等。

②　各专业的图纸应按图纸内容的主次关系、逻辑关系进行分类排序。

三、图线

(1)　图线的宽度 b，宜从 1.4mm、1.0mm、0.7mm、0.5mm、0.35mm、0.25mm、0.18mm、0.13mm 线宽系列中选取。图线宽度不应小于 0.1mm。每个图样应根据复杂程度与比例大小，先选定基本线宽 b，再选用表 3 中相应的线宽组。

表 3　线宽组

单位：mm

线宽比	线宽组			
b	1.4	1.0	0.7	0.5
0.7b	1.0	0.7	0.5	0.35
0.5b	0.7	0.5	0.35	0.25
0.25b	0.35	0.25	0.18	0.13
注：①需要缩微的图纸，不宜采用 0.18 及更细的线宽。 　　②同一张图纸内，各不同线宽中的细线，可统一采用较细的线宽组的细线。				

(2) 工程建设制图应选用表4所示的图线。

表4 图线

名 称		线 型	线 宽	一般用途
实线	粗	——————	B	主要可见轮廓线
	中粗	——————	0.7b	可见轮廓线
	中	——————	0.5b	可见轮廓线、尺寸线、变更云线
	细	——————	0.25b	图例填充线、家具线
虚线	粗	— — — — —	b	见各有关专业制图标准
	中粗	— — — — — —	0.7b	不可见轮廓线
	中	- - - - - - -	0.5b	不可见轮廓线、图例线
	细	- - - - - - - -	0.25b	图例填充线、家具线
单点长划线	粗	— · — · — ·	b	见各有关专业图标准
	中	— · — · — ·	0.5b	见各有关专业图标准
	细	— · — · — ·	0.25b	中心线、对称线、轴线等
双点长划线	粗	— ·· — ·· —	b	见各有关专业制图标准
	中	— ·· — ·· —	0.5b	见各有关专业制图标准
	细	— ·· — ·· —	0.25b	假想轮廓线、成型前原始轮廓线
折断线	细	—— /\/ ——	0.25b	断开界线
波浪线	细	∿∿∿	0.25b	断开界线

(3) 同一张图纸内，相同比例的各图样应选用相同的线宽组。

(4) 图纸的图框和标题栏线可采用表5所示线宽。

表5 图框线、标题栏线的宽度   单位：mm

幅面代号	图框线	标题栏外框线	标题栏分格线
A0、A1	b	0.5b	0.25b
A2、A3、A4	b	0.7b	0.35b

(5) 相互平行的图例线，其净间隙或线中间隙不宜小于 0.2mm。

(6) 虚线、单点长划线或双点长画线的线段长度和间隔宜各自相等。

(7) 单点长划线或双点长划线，当在较小图形中绘制有困难时，可用实线代替。

(8) 单点长划线或双点长划线的两端不应是点。点划线与点划线交接点或点划线与其他图线交接时应是线段交接。

(9) 虚线与虚线交接或虚线与其他图线交接时应是线段交接。虚线为实线的延长线时，不得与实线相接。

(10) 图线不得与文字、数字或符号重叠、混淆，不可避免时，应首先保证文字清晰。

四、字体

(1) 图纸上所需书写的文字、数字或符号等，均应笔画清晰、字体端正、排列整齐；标点符号应清楚、正确。

(2) 文字的字高应从表 6 中选用。字高大于 10mm 的文字宜采用 TRUETYPE 字体，如需书写更大的字，其高度应按 $\sqrt{2}$ 的倍数递增。

表 6　文字的字高 单位：mm

字体种类	中文矢量字体	TRUETYPE 字体及非中文矢量字体
字高	3.5、5、7、10、14、20	3、4、6、8、10、14、20

(3) 图样及说明中的汉字宜采用长仿宋体(矢量字体)或黑体，同一图纸字体种类不应超过两种。长仿宋体的宽度与高度的关系应符合表 7 的规定，黑体字的宽度与高度应相同。大标题、图册封面、地形图等的汉字也可书写成其他字体，但应易于辨认。

表 7　长仿宋字高、宽关系

字高	20	14	10	7	5	3.5
字宽	14	10	7	5	3.5	2.5

(4) 汉字的简化字书写应符合国家有关汉字简化方案的规定。

(5) 图样及说明中的拉丁字母、阿拉伯数字与罗马数字，宜采用单线简体或 ROMAN 字体。拉丁字母、阿拉伯数字与罗马数字的书写规则应符合表 8 的规定。

表 8　拉丁字母、阿拉伯数字与罗马数字的书写规则

书写格式	字　体	窄字体
大写字母高度	h	h
小写字母高度(上、下均无延伸)	7/10h	10/14h
小写字母伸出的头部或尾部	3/10h	4/14h
笔画宽度	1/10h	1/14h
字母间距	2/10h	2/14h
上、下行基准线的最小间距	15/10h	21/14h
词间距	6/10h	6/14h

(6) 拉丁字母、阿拉伯数字与罗马数字，如需写成斜体字，其斜度应是从字的底线逆时针向上倾斜。斜体字的高度和宽度应与相应的直体字相等。

(7) 拉丁字母、阿拉伯数字与罗马数字的字高不应小于 2.5mm。

(8) 数量的数值注写应采用正体阿拉伯数字。各种计量单位凡前面有量值的，均应采用国家颁布的单位符号注写。单位符号应采用正体字母。

(9) 分数、百分数和比例数的注写，应采用阿拉伯数字和数学符号。

(10) 当注写的数字小于 1 时，应写出各位的"0"，小数点应采用圆点，齐基准线书写。

(11) 长仿宋汉字、拉丁字母、阿拉伯数字与罗马数字示例应符合国家现行标准《技术制图——字体》(GB/T 14691)的有关规定。

五、比例

(1) 图样的比例，应为图形与实物相对应的线性尺寸之比。

(2) 比例的符号为"："，比例应以阿拉伯数字表示。

(3) 比例宜注写在图名的右侧，字的基准线应取平；比例的字高宜比图名的字高小一号或二号，如图 5 所示。

平面图　1:100　　⑥ 1:20

图 5　尺寸的注写

(4) 绘图所用的比例应根据图样的用途与被绘对象的复杂程度，从表 9 中选用，并应优先采用表中常用比例。

表 9　绘图所用的比例

常用比例	1:1、1:2、1:5、1:10、1:20、1:30、1:50、1:100、1:150、1:200、1:500、1:1000、1:2000
可用比例	1:3、1:4、1:6、1:15、1:25、1:40、1:60、1:80、1:250、1:300、1:400、1:600、1:5000、1:10000、1:20000、1:50000、1:100000、1:200000

(5) 一般情况下，一个图样应选用一种比例。根据专业制图需要，同一图样可选用两种比例。

(6) 特殊情况下也可自选比例，这时除应注出绘图比例外，还必须在适当位置绘制出相应的比例尺。

六、符号

1. 剖切符号

(1) 剖视的剖切符号应由剖切位置线及剖视方向线组成，均应以粗实线绘制。剖视的剖切符号应符合下列规定。

① 剖切位置线的长度宜为 6～10mm；剖视方向线应垂直于剖切位置线，长度应短于剖切位置线，宜为 4～6mm，也可采用国际统一和常用的剖视方法，如图 6 所示。绘制时，剖视剖切符号不应与其他图线相接触。

② 剖视剖切符号的编号宜采用粗阿拉伯数字，按剖切顺序由左至右、由下向上连续编排，并应注写在剖视方向线的端部。

③ 需要转折的剖切位置线，应在转角的外侧加注与该符号相同的编号。

④ 建(构)筑物剖面图的剖切符号应注在±0.000 标高的平面图或首层平面图上。

⑤ 局部剖面图(不含首层)的剖切符号应注在包含剖切部位的最下面一层的平面图上。

图 6　剖视的剖切符号

(2) 断面的剖切符号应符合下列规定。

① 断面的剖切符号应只用剖切位置线表示，并应以粗实线绘制，长度宜为 6～10mm。

② 断面剖切符号的编号宜采用阿拉伯数字，按顺序连续编排，并应注写在剖切位置线的一侧；编号所在的一侧应为该断面的剖视方向，如图 7 所示。

图 7　断面的剖切符号

(3) 剖面图或断面图，如与被剖切图样不在同一张图内，应在剖切位置线的另一侧注明其所在图纸的编号，也可以在图上集中说明。

2. 索引符号与详图符号

(1) 图样中的某一局部或构件，如需另见详图，应以索引符号索引(见图 8(a))。索引符号是由直径为 8～10mm 的圆和水平直径组成，圆及水平直径应以细实线绘制。索引符号应按下列规定编写：

① 索引出的详图如与被索引的详图同在一张图纸内，应在索引符号的上半圆中用阿拉伯数字注明该详图的编号，并在下半圆中间画一段水平细实线(见图 8(b))。

② 索引出的详图如与被索引的详图不在同一张图纸内，应在索引符号的上半圆中用阿拉伯数字注明该详图的编号，在索引符号的下半圆用阿拉伯数字注明该详图所在图纸的编号(见图 8(c))。数字较多时，可加文字标注。

③ 索引出的详图如采用标准图，应在索引符号水平直径的延长线上加注该标准图册的编号(见图 8(d))。需要标注比例时，文字在索引符号右侧或延长线下方，与符号下对齐。

图 8 索引符号

(2) 索引符号如用于索引剖视详图，应在被剖切的部位绘制剖切位置线，并以引出线引出索引符号，引出线所在的一侧应为剖视方向。索引符号的编写同上一条的规定(见图 9)。

图 9 用于索引剖面详图的索引符号

(3) 零件、钢筋、杆件、设备等的编号直径宜以 5～6mm 的细实线圆表示，同一图样应保持一致，其编号应用阿拉伯数字按顺序编写(见图 10)。消火栓、配电箱、管井等的索引符号，直径宜以 4～6mm 为宜。

(4) 详图的位置和编号应以详图符号表示。详图符号的圆应以直径为 14mm 粗实线绘制。详图应按下列规定编号。

① 详图与被索引的图样同在一张图纸内时，应在详图符号内用阿拉伯数字注明详图的编号(见图 11)。

图 10 零件、钢筋等的编号   图 11 与被索引图样同在一张图纸内的详图符号

② 详图与被索引的图样不在同一张图纸内时，应用细实线在详图符号内画一水平直径，在上半圆中注明详图编号，在下半圆中注明被索引的图纸的编号(见图 12)。

图 12 与被索引图样不在同一张图纸内的详图符号

3．引出线

(1) 引出线应以细实线绘制，宜采用水平方向的直线、与水平方向呈 30°、45°、60°、90°的直线，或经上述角度再折为水平线。文字说明宜注写在水平线的上方(见图 13(a))，也可注写在水平线的端部(见图 13(b))。索引详图的引出线应与水平直径线相连接(见图 13(c))。

图 13　引出线

(2) 同时引出的几个相同部分的引出线,宜互相平行(见图 14(a)),也可画成集中于一点的放射线(见图 14(b))。

图 14　共同引出线

(3) 多层构造或多层管道共用引出线,应通过被引出的各层,并用圆点示意对应各层次。文字说明宜注写在水平线的上方,或注写在水平线的端部,说明的顺序应由上至下,并应与被说明的层次对应一致;如层次为横向排序,则由上至下的说明顺序应与由左至右的层次对应一致(见图 15)。

图 15　多层公用引出线

4. 其他符号

(1) 对称符号由对称线和两端的两对平行线组成。对称线用细单点长画线绘制;平行线用细实线绘制,其长度宜为 6～10mm,每对的间距宜为 2～3mm;对称线垂直平分于两对平行线,两端超出平行线宜为 2～3mm(见图 16)。

(2) 连接符号应以折断线表示需连接的部位。两部位相距过远时，折断线两端靠图样一侧应标注大写拉丁字母表示连接编号。两个被连接的图样应用相同的字母编号(见图17)。

(3) 指北针的形状符合图18所示规定，其圆的直径宜为24 mm，用细实线绘制；指针尾部的宽度宜为3 mm，指针头部应注"北"或"N"字。需用较大直径绘制指北针时，指针尾部的宽度宜为直径的1/8。

(4) 对图纸中局部变更部分宜采用云线，并宜注明修改版次(见图19)。

图16　对称符号　　　　　图17　连接符号

图18　指北针　　　　图19　变更云线(注：1为修改次数)

七、定位轴线

(1) 定位轴线应用细单点长划线绘制。

(2) 定位轴线应编号，编号应注写在轴线端部的圆内。圆应用细实线绘制，直径为8～10mm。定位轴线圆的圆心应在定位轴线的延长线或延长线的折线上。

(3) 除较复杂需采用分区编号或圆形、折线形外，一般平面上定位轴线的编号，宜标注在图样的下方或左侧。横向编号应用阿拉伯数字，从左至右顺序编写；竖向编号应用大写拉丁字母，从下至上顺序编写(见图20)。

图20　定位轴线的编号顺序

(4) 拉丁字母作为轴线号时应全部采用大写字母，不应用同一个字母的大小写来区分轴线号。拉丁字母的 I、O、Z 不得用作轴线编号。当字母数量不够使用，可增用双字母或单字母加数字注脚。

(5) 组合较复杂的平面图中定位轴线也可采用分区编号(见图21)。编号的注写形式应为

"分区号—该分区编号"。"分区号—该分区编号"采用阿拉伯数字或大写拉丁字母表示。

图 21   定位轴线的分区编号

(6) 附加定位轴线的编号应以分数形式表示，并应符合下列规定。

① 两根轴线的附加轴线，应以分母表示前一轴线的编号，分子表示附加轴线的编号。编号宜用阿拉伯数字顺序编写。

② 1 号轴线或 A 号轴线之前的附加轴线的分母应以 01 或 0A 表示。

(7) 一个详图适用于几根轴线时，应同时注明各有关轴线的编号(见图 22).

(a) 用于2根轴线时   (b) 用于3根或3根   (c) 用于3根以上连续
                              以上轴线时   编号的轴线时

图 22   详图的轴线编号

(8) 通用详图中的定位轴线应只画圆，不注写轴线编号。

(9) 圆形与弧形平面图中的定位轴线，其径向轴线应以角度进行定位，其编号宜用阿拉伯数字表示，从左下角或-90°(若径向轴线很密，角度间隔很小)开始，按逆时针顺序编写；其环向轴线宜用大写拉丁字母表示，从外向内顺序编写(见图23、图24)。

图 23　圆形平面定位轴线的编号

图 24　弧形平面定位轴线的编号

(10) 折线形平面图中定位轴线的编号可按图 25 的形式编写。

图 25　折线形平面定位轴线的编号

八、计算机制图文件

1. 一般规定

(1) 计算机制图文件可分为工程图库文件和工程图纸文件，工程图库文件可在一个以上的工程中重复使用，工程图纸文件只能在一个工程中使用。

(2) 建立合理的文件目录结构，可对计算机制图文件进行有效管理和利用。

2. 工程图纸的编号

(1) 工程图纸编号应符合下列规定。

① 工程图纸根据不同的子项(区段)、专业、阶段等进行编排，宜按照设计总说明、平面图、立面图、剖面图、大样图(大比例视图)、详图、清单、简图的顺序编号。

② 工程图纸编号应使用汉字、数字和连字符"-"的组合。

③ 在同一工程中，应使用统一的工程图纸编号格式，工程图纸编号应自始至终保持不变。

(2) 工程图纸编号格式应符合下列规定。

① 工程图纸编号可由区段代码、专业缩写代码、阶段代码、类型代码、序列号、更改代码和更新版本序列号等组成(见图 26)，其中区段代码、专业缩写代码、阶段代码、类型代

码、序列号、更改代码和更新版本序列号可根据需要设置。区段代码与专业缩写代码、阶段代码与类型代码、序列号与更改代码之间用连字符"-"分隔开。

② 区段代码用于工程规模较大、需要划分子项或分区段时，区别不同的子项或分区，由 2～4 个汉字和数字组成。

图26　工程图纸编号格式

③ 专业缩写代码用于说明专业类别(如建筑等)，由 1 个汉字组成。

④ 阶段代码用于区别不同的设计阶段，由 1 个汉字组成。

⑤ 类型代码用于说明工程图纸的类型(如楼层平面图)，由 2 个字符组成。

⑥ 序列号用于标识同一类图纸的顺序，由 001～999 的任意 3 位数字组成。

⑦ 更改代码用于标识某张图纸的变更图，用汉字"改"表示。

⑧ 更改版本序列号用于标识变更图的版次，由 1～9 的任意 1 位数字组成。

3. 计算机制图文件的命名

(1) 工程图纸文件命名应符合下列规定。

① 工程图纸文件可根据不同的工程、子项或分区、专业、图纸类型等进行组织，命名规则应具有一定的逻辑关系，便于识别、记忆、操作和检索。

② 工程图纸文件名称应使用拉丁字母、数字、连字符"-"和井字符"#"的组合。

③ 在同一工程中，应使用统一的工程图纸文件名称格式，工程图纸文件名称应自始至终保持不变。

(2) 工程图纸文件命名格式应符合下列规定。

① 工程图纸文件名称可由工程代码、专业代码、类型代码、用户定义代码和文件扩展名组成(见图27)，其中工程代码和用户定义代码可根据需要设置，专业代码与类型代码之间用连字符"-"分隔开；用户定义代码与文件扩展名之间用小数点"."分隔开。

图27　工程图纸文件命名格式

② 工程代码用于说明工程、子项或区段，可由 2～5 个字符和数字组成。

③ 专业代码用于说明专业类别，由 1 个字符组成。

④ 类型代码用于说明工程图纸文件的类型，由 2 个字符组成。

⑤ 用户定义代码用于进一步说明工程图纸文件的类型，宜由 2～5 个字符和数字组成，其中前两个字符为标识同一类图纸文件的序列号，后两位字符表示工程图纸文件变更的范围与版次(见图 28)。

图 28　工程图纸文件变更表示方式

⑥ 小数点后的文件扩展名由创建工程图纸文件的计算机制图软件定义，由 3 个字符组成。

(3) 工程图库文件命名应符合下列规定。

① 工程图库文件应根据建筑体系、组装需要或用法等进行分类，便于识别、记忆、操作和检索。

② 工程图库文件名称应使用拉丁字母和数字的组合。

③ 在特定工程中使用工程图库文件，应将该工程图库文件复制到特定工程的文件夹中，并应更名为与特定工程相适合的工程图纸文件名。

4. 计算机制图文件夹

(1) 计算机制图文件夹可根据工程、设计阶段、专业、使用人和文件类型等进行组织。计算机制图文件夹的名称可以由用户或计算机制图软件定义，并应在工程上具有明确的逻辑关系，便于识别、记忆、管理和检索。

(2) 计算机制图文件夹名称可使用汉字、拉丁字母、数字和连字符"-"的组合，但汉字与拉丁字母不得混用。

(3) 在同一工程中，应使用统一的计算机制图文件夹命名格式，计算机制图文件夹名称应自始至终保持不变，且不得同时使用中文和英文的命名格式。

(4) 为了满足协同设计的需要，可分别创建工程、专业内部的共享与交换文件夹。

5. 计算机制图文件的使用与管理

(1) 工程图纸文件应与工程图纸一一对应，以保证存档时工程图纸与计算机制图文件的一致性。

(2) 计算机制图文件宜使用标准化的工程图库文件。

(3) 文件复制应符合下列规定。

① 计算机制图文件应及时复制，避免文件及数据的意外损坏、丢失等。

② 计算机制图文件复制的时间和份数可根据具体情况自行确定，宜每日或每周复制一次。

(4) 应采取定期复制、预防计算机病毒、在安全的设备中保存文件的副本、设置相应的文件访问与操作权限、文件加密，以及使用不间断电源(UPS)等保护措施，对计算机制图文件进行有效保护。

(5) 计算机制图文件应及时归档。

(6) 不同系统间图形文件交换应符合现行国家标准《工业自动化系统与集成产品数据表达与交换》(GB/T 16656)的规定。

6. 协同设计与计算机制图文件

(1) 协同设计的计算机制图文件组织应符合下列规定。

① 采用协同设计方式，应根据工程的性质、规模、复杂程度和专业需要，合理、有序地组织计算机制图文件，并据此确定设计团队成员的任务分工。

② 采用协同设计方式组织计算机制图文件，应以减少或避免设计内容的重复创建和编辑为原则，条件许可时宜使用计算机制图文件参照方式。

③ 为满足专业之间协同设计的需要，可将计算机制图文件划分为各专业共用的公共图纸文件、向其他专业提供的资料文件和仅供本专业使用的图纸文件。

④ 为满足专业内部协同设计的需要，可将本专业的一个计算机制图文件分解为若干零件图文件，并建立零件图文件与组装图文件之间的联系。

(2) 协同设计的计算机制图参照文件应符合下列规定。

① 在主体计算机制图文件中，可引用具有多级引用关系的参照文件，并允许对引用的参照文件进行编辑、剪裁、拆离、覆盖、更新、永久合并的操作。

② 为避免参照文件的修改引起主体计算机制图文件的变动，主体计算机制图文件归档时，应将被引用的参照文件与主体计算机制图文件永久合并(绑定)。

九、计算机制图规则

1. 计算机制图的方向与指北针规定

(1) 平面图与总平面图的方向宜保持一致。

(2) 绘制正交平面图时，宜使定位轴线与图框边线平行(见图 29)。

(3) 绘制由几个局部正交区域组成且各区域相互斜交的平面图时，可选择其中任意一个正交区域的定位轴线与图框边线平行(见图 30)。

(4) 指北针应指向绘图区的顶部，在整套图纸中保持一致。

图29　正交平面图方向与指北针方向示意

图30　正交区域相互斜交的平面图方向与指北针方向示意

2．计算机制图的坐标系与原点规定

(1) 计算机制图时，可以选择世界坐标系或用户定义坐标系。

(2) 绘制总平面图工程中有特殊要求的图样时，也可使用大地坐标系。

(3) 坐标原点的选择，应使绘制的图样位于横向坐标轴的上方和纵向坐标轴的右侧并紧邻坐标原点。

(4) 在同一工程中，各专业宜采用相同的坐标系与坐标原点。

3．计算机制图的布局规定

(1) 计算机制图时，宜按照自下而上、自左至右的顺序排列图样；宜优先布置主要图样

(如平面图、立面图、剖面图)，再布置次要图样(如大样图、详图)。

(2) 表格、图纸说明宜布置在绘图区的右侧。

4. 计算机制图的比例规定

(1) 计算机制图时，采用 1∶1 的比例绘制图样时，应按照图中标注的比例打印成图；采用图中标注的比例绘制图样，则应按照 1∶1 的比例打印成图。

(2) 计算机制图时，可采用适当的比例书写图样及说明中文字，但打印成图时应符合规定。

附录二　建筑工程附图

建筑工程 CAD

柱配筋图

1—KZ1　1—KZ2　1—KZ3　1—KZ3a

建筑工程 CAD

东立面图

1:100

270

南立面图 1:100

三层平面图 1:100

二层平面图 1:100

三层平面图 1:100

建筑工程 CAD

一层平面图 1:100

参 考 文 献

[1] 房屋建筑制图统一标准(GB/T 50001—2010)

[2] 孙茜. 建筑工程 CAD. 天津：天津大学出版社，2011

[3] 吴银柱，吴丽萍. 土建工程 CAD. 3 版. 北京：高等教育出版社，2008

[4] 郑运廷. AutoCAD 2007 中文版应用教程. 北京：机械工业出版社，2008

[5] 徐江华，王莹莹，俞大丽，张敏. AutoCAD 2014 中文版基础教程. 北京：中国青年出版社，2014

[6] 刘琼昕，杨铮，刘锡轩，喻瑞瑶. 建筑工程 CAD. 北京：清华大学出版社，2012